天文回望

天文历史与天文科技

肖东发 主编 台运真 编著

中国出版集团
现代出版社

图书在版编目（CIP）数据

天文回望 / 刘干才编著. — 北京：现代出版社，2014.10（2021.7重印）

（中华精神家园书系）

ISBN 978-7-5143-2986-5

Ⅰ．①天… Ⅱ．①刘… Ⅲ．①天文学史－中国－古代 Ⅳ．①P1-092

中国版本图书馆CIP数据核字(2014)第236377号

天文回望：天文历史与天文科技

主　　编：	肖东发
作　者：	刘干才
责任编辑：	王敬一
出版发行：	现代出版社
通信地址：	北京市定安门外安华里504号
邮政编码：	100011
电　　话：	010-64267325　64245264（传真）
网　　址：	www.1980xd.com
电子邮箱：	xiandai@cnpitc.com.cn
印　　刷：	三河市嵩川印刷有限公司
开　　本：	710mm×1000mm　1/16
印　　张：	11
版　　次：	2015年4月第1版　2021年7月第3次印刷
书　　号：	ISBN 978-7-5143-2986-5
定　　价：	40.00元

版权所有，翻印必究；未经许可，不得转载

序　言 | 天文回望

党的十八大报告指出："文化是民族的血脉，是人民的精神家园。全面建成小康社会，实现中华民族伟大复兴，必须推动社会主义文化大发展大繁荣，兴起社会主义文化建设新高潮，提高国家文化软实力，发挥文化引领风尚、教育人民、服务社会、推动发展的作用。"

我国经过改革开放的历程，推进了民族振兴、国家富强、人民幸福的中国梦，推进了伟大复兴的历史进程。文化是立国之根，实现中国梦也是我国文化实现伟大复兴的过程，并最终体现为文化的发展繁荣。习近平指出，博大精深的中国优秀传统文化是我们在世界文化激荡中站稳脚跟的根基。中华文化源远流长，积淀着中华民族最深层的精神追求，代表着中华民族独特的精神标识，为中华民族生生不息、发展壮大提供了丰厚滋养。我们要认识中华文化的独特创造、价值理念、鲜明特色，增强文化自信和价值自信。

如今，我们正处在改革开放攻坚和经济发展的转型时期，面对世界各国形形色色的文化现象，面对各种眼花缭乱的现代传媒，我们要坚持文化自信，古为今用、洋为中用、推陈出新，有鉴别地加以对待，有扬弃地予以继承，传承和升华中华优秀传统文化，发展中国特色社会主义文化，增强国家文化软实力。

浩浩历史长河，熊熊文明薪火，中华文化源远流长，滚滚黄河、滔滔长江，是最直接的源头，这两大文化浪涛经过千百年冲刷洗礼和不断交流、融合以及沉淀，最终形成了求同存异、兼收并蓄的辉煌灿烂的中华文明，也是世界上唯一绵延不绝而从没中断的古老文化，并始终充满了生机与活力。

中华文化曾是东方文化摇篮，也是推动世界文明不断前行的动力之一。早在500年前，中华文化的四大发明催生了欧洲文艺复兴运动和地理大发现。中国四大发明先后传到西方，对于促进西方工业社会的形成和发展，曾起到了重要作用。

中华文化的力量，已经深深熔铸到我们的生命力、创造力和凝聚力中，是我们民族的基因。中华民族的精神，也已深深植根于绵延数千年的优秀文化传统之中，是我们的精神家园。

总之，中华文化博大精深，是中国各族人民五千年来创造、传承下来的物质文明和精神文明的总和，其内容包罗万象，浩若星汉，具有很强的文化纵深，蕴含丰富宝藏。我们要实现中华文化伟大复兴，首先要站在传统文化前沿，薪火相传，一脉相承，弘扬和发展五千年来优秀的、光明的、先进的、科学的、文明的和自豪的文化现象，融合古今中外一切文化精华，构建具有中国特色的现代民族文化，向世界和未来展示中华民族的文化力量、文化价值、文化形态与文化风采。

为此，在有关专家指导下，我们收集整理了大量古今资料和最新研究成果，特别编撰了本套大型书系。主要包括独具特色的语言文字、浩如烟海的文化典籍、名扬世界的科技工艺、异彩纷呈的文学艺术、充满智慧的中国哲学、完备而深刻的伦理道德、古风古韵的建筑遗存、深具内涵的自然名胜、悠久传承的历史文明，还有各具特色又相互交融的地域文化和民族文化等，充分显示了中华民族的厚重文化底蕴和强大民族凝聚力，具有极强的系统性、广博性和规模性。

本套书系的特点是全景展现，纵横捭阖，内容采取讲故事的方式进行叙述，语言通俗，明白晓畅，图文并茂，形象直观，古风古韵，格调高雅，具有很强的可读性、欣赏性、知识性和延伸性，能够让广大读者全面接触和感受中国文化的丰富内涵，增强中华儿女民族自尊心和文化自豪感，并能很好继承和弘扬中国文化，创造未来中国特色的先进民族文化。

2014年4月18日

天演之变——天象记载

古代天文学的发展　002
古代天文学的思想成就　009
古代天象珍贵记录　027
《二十四史》中的天文律历　038
古代诗文中的日月星辰　046
显示群星的星表星图　061
中华三垣四象二十八宿　070
独具特色的古代天文机构　079

天地法——历法编订则

086　致用性的古代历法
096　完整历法《太初历》
103　历法体系里程碑《乾象历》
109　历法系统周密的《大衍历》
116　古代最先进历法《授时历》
124　中西结合的《崇祯历书》

测天之术——天文仪器

测量日影仪器表和圭　130

古代计时仪器漏和刻　135

测量天体的浑仪和简仪　141

演示天象的仪器浑象　150

功能非凡的候风地动仪　156

大型综合仪器水运仪象台　160

天演之变

天象记载

　　我国是世界上天文学起步最早、发展最快的国家之一。几千年来积累了大量宝贵的天文资料，受到各国天文学家的注意。就文献数量来说，天文学可与数学并列，其仅次于农学和医学，是构成我国古代最发达的4门自然科学之一。

　　从我国古代的天象记载可以看出，我国古人是全世界最坚毅、最精确的天文观测者。比如世界上最初发现的彗星，其近似轨道就是根据我国的观测推算出来的，彗星的记载，也是我国古人自己最先根据历代史书的记载进行汇编的。

古代天文学的发展

天文最开始是在古代祭祀里出现的。古代尤其是上古时期,科学不发达,对大自然没有足够的了解,绝大部分的人认为是有超自然的力量存在的,所以出现了神灵崇拜,而天文学是随着这样的背景出现的。

在长期的发展过程中,我国古代天文学屡有革新的优良历法、令人惊羡的发明创造、卓有见识的宇宙观等,在世界天文学发展史上,占据重要的地位。

■ 天文台下的神兽

■ 二十四节气主

任何一个民族，在其历史发展的最初阶段，都要经历物候授时过程。也许在文字产生以前，我们的祖先就知道利用植物的生长和动物的行踪情况来判断季节，这是早期农业生产所必备的知识。

物候虽然与太阳运动有关，但由于气候的变幻莫测，不同年份相同的物候特征常常错位几天或者10多天，比起后来的观象授时要粗糙多了。

《尚书·尧典》中描述：

> 远古的人们以日出正东和初昏时鸟星位于南方子午线标志仲春，以太阳最高和初昏时大火位于南方子午线标志仲夏，以日落正西和初昏时虚星位于南方子午线标志仲秋，以太阳最低和初昏时昴星位于南方子午线标志仲冬。

观象授时 观测天象以确定时间。早在4300年前，我国古人就已经能"观象授时"，并确定了阴历二十四节气中的"春分、秋分、夏至、冬至"等重要节气。在有规律的年、月、日历法产生以前，我国古代漫长的岁月都是观象授时的时代。

历元 作为时间参考标准的一个特定瞬时。在天文学上,历元是为指定天球坐标或轨道参数而规定的某一特定时刻。对天球坐标来说,其他时刻天体的位置可以依据岁差和天体的自行而计算出。由于岁差和章动以及自行的影响,各种天体的天球坐标都随时变化。

物候授时与观象授时都属于被动授时,当人们对天文规律有更多的了解,尤其是掌握了回归年长度以后,就能够预先推断季节,历法便应运而生了。

在春秋战国时期,曾盛行黄帝、颛顼、夏、商、周、鲁6种历法,是当时各诸侯国借用颁布的历法。它们的回归年长度都是365日,但历元不同,岁首有异。

在春秋战国500多年间,政权的更迭比较频繁,星占家们各事其主,大行其道,引起了王侯对恒星观测的重视。我国古代天文学从而形成了历法和天文两条主线。

西汉至五代时期是我国古代天文学的发展、完善时期。从西汉时期的《太初历》至唐代的《符天历》,我国历法在编排日历以外,又增添了节气、朔望、置闰、交食和计时等多项专门内容,体系愈加完

■ 古代的节气图

善，数据愈加精密，并不断发明新的观测手段和计算方法。

比如，十六国时期后秦学者姜岌，以月食位置来准确地推算太阳位置；隋代天文学家刘焯在《皇极历》中，用等间距二次差内插法来处理日、月运动的不均匀性；唐代天文学家一行的《大衍历》，显示了我国古代历法已完全成熟，它记载在《新唐书·历志》，按内容分为7篇，其结构被后世历法所效仿。

继西汉时期民间天文学家落下闳研究成果以后，浑仪的功能随着环的增加而增加，至唐代天文学家李淳风研究时，已能用一架浑仪同时测出天体的赤道坐标、黄道坐标和白道坐标。

天文仪器是测定历法所需数据和检验历法优劣的工具，它的改良也促进了天文观测的进步，岁差和日月行星不均匀性等发现都先后引入历法计算。

除了不断提高恒星位置测量精度外，天文官员们还特别留心记录奇异天象发生的位置和时间，其实后者才是朝廷帝王更为关心的内容。这个传统成为我国古代天文学的一大特色。

我国古代3种主要的宇宙观，源于春秋战国时期的"百家争鸣"。秦代以后的1000多年中，在它们的基础上又派生出许多支系，后来浑天说以其解释天象的优势，取代了盖天说而上升为主导观念。

■ 唐代天文学家一行塑像

赤道坐标 一种"天文坐标"。以赤经和赤纬两个坐标表示天球上任一天体的位置。由春分点的赤经圈与通过该天体的赤经圈在北天极所成的角度，或在天赤道上所夹的弧长，称为该天体的赤经计量方向自春分点起沿着与天球周日运动相反的方向量度，以时、分、秒表示。

魏晋南北朝时期，天文学仍有所发展。南北朝时代的科学家祖冲之完成的《大明历》是一部精确度很高的历法，如它计算的每个交点月日数已经接近现代观测结果。

隋唐时期，又重新编订历法，并对恒星位置进行重新测定。一行、南宫说等天文学家进行了世界上最早对子午线长度的实测。人们根据天文观测结果，绘制了一幅幅星图，反映了我国古代在星象观测上的高超水平。

■ 南北朝时期科学家祖冲之塑像

宋代和元代为我国天文学发展的鼎盛时期。这期间颁行的历法最多，数据最精；同时，大型仪器最多，恒星观测也最勤。

宋元时期颁行的历法达25部。它们各有特色，其中元代天文学家郭守敬等人编制的授时历性能最优，连续使用了360年，达到我国古代历法的巅峰。

这些历法的数据已经越发精准。许多历法的回归年长度和朔望月值已与现代理论值相差无几，在世界处于领先地位。

这一时期出现了大型天文仪器。宋代拥有水运仪象台和4座大型浑仪，元代郭守敬还创制了简仪和高表。其中宋代天文学家、天文机械制造家苏颂的水运仪象台，集观测、演示、报时于一身，是当时世界上最优秀的天文仪器。

苏颂（1020年—1101年），字子容，福建泉州南安人。宋代天文学家、天文机械制造家、药物学家。他幼承家教，勤于攻读，深通经史百家，学识渊博，举凡图纬、阴阳、五行、星历、山经无不钻研。他的主要贡献是对科学技术方面的，特别是医药学和天文学方面的突出贡献。

在恒星观测方面,这一时期的天文学家表现出高度重视,先后组织了5次大型恒星位置测量,平均不到20年进行一次大规模的恒星观测。

明清时期,在引进西方天文历法知识的基础上,我国古代传统天文历法得到了新的发展,取得了不少新的成就。

明代科学家徐光启组织明代"历局"工作人员编制了完备的恒星图,并采用新的测算法,更精密地预测日食和月食;他主持编译的《崇祯历书》是我国天文历法中的宝贵遗产。

> 《郑和航海图》 该图以南京为起点,最远至非洲东岸的慢八撒。图中标明了航线所经亚非各国的方位、航道远近、深度,以及航行的方向牵星高度;对何处有礁石或浅滩,也都——注明。该图在世界地图学、地理学史和航海史上占有重要的地位。

明末清初历算学家王锡阐著有《晓庵新法》等10多种天文学著作,促进了我国古代历算学的发展。

他精通中西历法,首创日月食的初亏和复圆方位角的计算方法;其计算昼夜长短和月球、行星的视直径等方法,有许多和现在球面天文学中的方法完全相同;所创金星凌日的计算方法,已十分精确,在当时世界上也是独一无二的。

梅文鼎是清初著名的天文学家、数学家,为清代"历算第一名家"和"开山之祖"。他的《古今历法通考》一书是我国第一部历学史。

■ 明代天文学家徐光启塑像

这一时期,天文知识的发展在航海中得到广泛应用,这是由明代前期郑和船队7次下西洋的伟大航行所促成的。

在《郑和航海图》中,从苏门答腊往

《郑和航海图》

西途中所经过的地点，共有64处当地所见北辰星和华盖星地平高度的记录，这是航海中利用了天文定位法的明证。

在《郑和航海图》中，还有4幅附图，称为"过洋牵星图"，它以图示的方法标出船队经印度洋某些地区时所见若干星辰的方位和高度角，这就更具体和形象地表明当时人们由测量星辰的地平坐标以确定船位的天文方法。

类似的记录，还见于清代初期的《顺风相送》一书中，说明天文定位法在明清时期得到了广泛的应用。

在《顺风相送》中，还有关于观测太阳出没以确定方向的方法，它是以歌诀的形式表达的，是民间通用的一种天文导航法。用来观测星辰方位角的仪器的是指南针，而观测星辰的高度角的仪器叫"牵星板"。通过牵星板测量星体高度，可以找到船舶在海上的位置。

阅读链接

郑和船队在航海中，使用了成熟的一整套"过洋牵星"的航海术，对天文导航科学做出了重大贡献。

使用时，观测者左手执牵星板一端向前伸直，使牵星板与海平面垂直，让板的下缘与海平面重合，上缘对着所观测的星辰，这样便能测出星体离海平面的高度。

在测量高度时，可随星体高低的不同，以几块大小不等的牵星板和一块长2寸、四角皆缺的象牙块替换调整使用，直至所选之板上边缘和所测星体相切，由此确定这个星体的高度。

古代天文学的思想成就

天文学思想是对天文学家的思维逻辑和研究方法长期起主导作用的一种意识。我国古代天文学思想，同儒家思想，以及与之互相渗透的佛教、道教思想都有密切的联系。

我国古代天文学的思想成就，体现在星占术的理论和方法、独特的赤道坐标系统、宇宙结构的探讨、阴阳五行学说与天文历法的关系、干支理论等方面，从而形成了具有鲜明特色的我国古代天文学思想体系。

■伏羲女娲时的太极八卦

五德 是指五行的属性，即土德、木德、金德、水德、火德。五德之说源于五行理论，春秋时代的邹衍将天下分为五方，用金、木、水、火、土五行相克的原理来揭示历史朝代更迭的规律，开了将五行纳入政治领域之先河。后世的历代帝王之革命皆沿用五德之说。

我国古代星占涉及日占和月占、行星占、恒星占、彗星占，以及天文分野占。它们一同构成了我国古代星占理论，在我国古代社会有着重要的影响。

我国星占术有三大理论支柱，这就是天人感应论、阴阳五行说和分野说。

天人感应论认为天象与人事密切相关，正如《易经》里所说的"天垂象，见吉凶"，"观乎天文以察时变"。

阴阳五行说把阴阳和五行两类朴素自然观与天象变化和"天命论"联系起来，以为天象的变化乃阴阳作用而生，王朝更替相应于五德循环。

分野说是将天区与地域建立联系，发生于某一天区的天象对应于某一地域的事变。

这些理论和方法的建立，决定了我国星占术的政治意味和宫廷星占性质，也造就了我国古代天文学的

■ 中国古代的阴阳变化图腾

夸父逐日石

官办性质，从而有巨大的财力和物力保证，促使天象观察和天文仪器研制得以发展。

在具有原始意味的天神崇拜和唯心主义的星占术流行的时代，甚至在占主导地位的时候，反天命论的一些唯物主义思想也在发展。

不少思想家提出了反天命、反天人感应的观点，指导人们探求天体本身的规律，研讨与神无关的客观的宇宙。那些美丽的神话传说，如"开天辟地""后羿射日""夸父追日""嫦娥奔月"等，都反映了人们力图征服自然改造自然的向往和追求。

日月星占是我国古代比较典型的星占，它们所涉及的范围很广。例如，太阳上出现黑子、日珥、日晕、太阳无光、二日重见等。

另外，古人对日食的发生也很重视，天文学家都在受命进行严密监视。日食出现的方位、在星空中的位置、食分的大小和日全食发生后周围的状况，都是人们所关注的大事。

《晋书·天文志》在记载日食与人间社会的关系时，认为食即有凶，常常是臣下纵权篡逆，兵革水旱的应兆。

禳救 又称"禳灾",是指行使法术解除面临的灾难。禳原为古代祭祀名,以后发展成门类繁多的体系,大凡生活中遇到的一切天灾人祸等均在禳解范围之内。如,自然灾害方面有禳星、禳年等;社会生活方面有禳官事、禳时疫等。甚至日常发生噩梦、禽兽入室等事,皆有专门禳解之法。

古人认为,日食现象是凶险不祥的征兆,天子和大臣不能眼看着人们受灾殃,国家破败,故想出各种补救的措施,以便回转天心。天子要思过修德,大臣们要进行禳救活动。

《乙巳占》记载的禳救的办法是:当发生日食的时候,天子穿着素色的衣服,避居在偏殿里面,内外严格戒严。皇家的天文官员则在天文台上密切地监视太阳的变化。

当看到了日食时,众人便敲鼓驱逐阴气。听到鼓声的大臣们,都裹着赤色的头巾,身佩宝剑,用以帮助阳气,使太阳恢复光明。有些较开明的皇帝还颁罪己诏,以表示思过修德。

月占的情况与日占大同小异,由于月食经常可以看到,故后人就较少加以重视了。不过,月食发生时,占星家比较看重月食发生在恒星间的方位,关注

■ 后羿射日塑像

奔月砖画

其分野所发生的变化。

行星占又称"五星占"。五星的星占在所有的星占中占有极重要的位置。除日月以外,在太阳系内人们肉眼所见并能作有规律的周期运动的,就只有五大行星。自春秋战国至明代,五星一直是占星家重要的占卜对象。

由于我国古代五行思想十分盛行,五星也就自然地与五行观念相附会,连5颗星的名字也与五行的名称一致。

行星占的范围极广,有行星的位置推算和预报,有行星的凌犯观测,有行星的颜色、大小、光芒、顺逆等的观测。古人以为,五大行星各有特性,它们在天空的出现,各预示着一种社会治乱的情况。

例如:木星为兴旺的星,故木星运行至某国所对应的方位该国就会得到天助,外人不能去征伐它,如果征伐它,必遭失败之祸;火星为贼星,它的出现,象征着动乱、贼盗、病丧、饥饿等,故火星运行到某国所对应的方位,该国人民就要遭灾殃。

金星是兵马的象征,它所居之国象征着兵灾、人民流散和改朝换代;水星是杀伐之星,它所居之国必有杀伐战斗发生;土星是吉祥之星,土星所居之国必有所收获。

恒星也有独立的占法,大致可分为二十八宿占和中官占、外官占。占星家不停地对各种星座进行细致的观察,观看其有无变动。一有动向,便预示着人间社会的一种变化。

占星家认为,尾星主水,主君臣,当尾星明亮时,皇帝就有喜事,五谷丰收;暗淡时,皇帝就有忧虑,五谷歉收。如果尾星摇动,就会出现君臣不和的现象。

又如,天狼星的颜色发生变化,就说明天下的盗贼比较多。南方的老人星出现了,就是天下太平的象征,看不到老人星,就有可能出现兵乱。

在我国古代的星占理论中,彗星的出现,差不多均被看作灾难的象征。

天文分野占也是古代星占理论的一部分。我国古代占星家为了用天象变化来占卜人间的吉凶祸福,将天上星空区域与地上的国州互相对应,称作"分野"。

被人格化的金星

我国古代占星术认为,地上各州郡邦国和天上一定的区域相对应,在该天区发生的天象预兆各对应地方的吉凶。这种天区与地域对应的法则,便是分野理论。

有关分野的观念,起源很早。《周礼·春官·宗伯》就有"以星土辨九州之地",以观"天下之妖祥"的记载。就已经开始将天上不同的星宿,与地上不同的州、国一一对应起来了。

天上的分区,大致是以二十八宿配十二星次,地上则配以国家或地区。

古籍中天文地理分野的记载很多,比如在《汉书·地理志》中记载,春秋战国时期天文地理分野是:魏地,觜角、参之分野;周地,柳、七星、张之分野;韩地,角、亢、氐之分野;赵地,昴、毕之分野;燕地,尾、箕分野;齐地,虚、危之分野;鲁地,奎、娄之分野;宋地,房、心之分野;卫地,营室、东壁之分野;楚地,翼、轸之分野;吴地,斗分野;粤地,牵牛、婺女之分野。

事实上,天地对应关系的分组,并没有一个固定的模式。比如《史记·天官书》中对恒星分野只列出8个国家,除地域与恒星对应外,还记载了五星与国家的对应关系。

在天与地的对应关系建立以后,占星就有了一个基础。这样,当天上某个区域或星宿出现异常天象时,它所反映的火灾、水灾、兵灾、瘟疫等,就有一个相应的地域可以预言。

世界上不同的民族、不同的国家,都选用不同的方法去认识天空现象。这不同的方法认识的结果，是产生了世界学术界公认的3种天球坐标系，即我国的赤道坐标系统，阿拉伯的地平坐标系统，希腊的黄道坐标系统。

3种天球坐标系与生俱来的差异，决定了它们在实地观测中空间取向上的差异。这种差异体现了赤道坐标系的独特性，同时也体现了我国古代天文学的独特性。

我国古代天文学的赤道坐标系，是用于对整个天地的划分，赤经、赤纬是不变的，依据天极、赤道划分的南北东西也是固定的。

它不同于阿拉伯系统所使用的那种地平坐标系，因为它是以观测者为中心来确定天顶和天底，地平经度与地平纬度随观测者所在地不同而不同，依据天顶、天底、地平圈划分的南北东西也会随之变化。

赤道坐标系以天极为中心来划分东南西北4个方位，是将整圈赤道等分为4等；以天顶为中心来划分东南西北4个方位，划分的是以观测者为中心的东南西北4个方位。

比如殷商时主要活动地域是河南一带，如果以被古人视为"地中"的阳城为中心来划分方位，划分的就是中华大地的东西南北中。

依据赤道坐标系的十二辰

> **地平坐标系** 以地面上一点为天球中心，以该点的地平圈为基本平面的天球坐标系。比如，我们看到流星的运行速度都很快，要想记录它们的位置时，就需记下某瞬间该卫星或流星的地平经度（即方位）和地平纬度（即高度），这就是我们所要讨论的地平坐标系。

■ 星宿球形仪

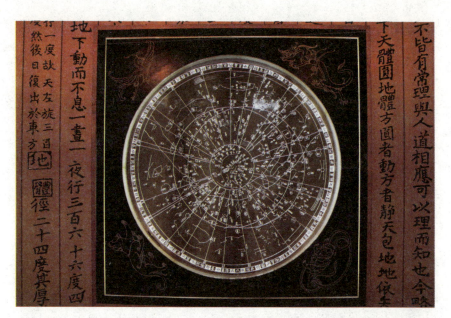

■ 古代星系图

而制定的"十二支"历法为例，如果将"十二支"认作"地平十二支"，就会在地平坐标系内探询十二支的空间取向。比如以阳城为中心来划分12个方位，在中华大地的东、西、南、北、中地域探询十二支的时空依据。

中华大地的东、西、南、北、中是无法确定出360度的，只有赤道坐标系所界定的整个天地的十二时辰才是十二支的真正归宿。

现今天文学中以英国格林尼治本初子午线为基准的一天24小时划分，与我国古代历法的一天十二时辰直接对应；现代天文学的赤道大圆360度与我国古代天文学的二十八宿如出一辙。现代南北两个半球的划分是依据赤道一分为二的。

这些都体现出现代天文学是对我国古代天文学赤道坐标系的承传，并证实了我国古代赤道坐标系是用

十二支 也称"地支"，包括子、丑、寅、卯、辰、巳、午、未、申、酉、戌、亥。天干地支是古人计时的方法，而现在大多只用来计农历年份和生肖了。天干指的是甲、乙、丙、丁、戊、己、庚、辛、壬、癸，也称"十干"。

于对整个天地的划分。

我国古代独特的赤道坐标系统的实在性和科学性，蕴含着古代先哲们对时间、空间与物质世界科学认知的思想精华，对认识宇宙具有重大意义。

关于宇宙的结构，自古就引起人们的思考，涌现了许多讨论天地结构的学说。其中最重要的就是形成于汉代的盖天说、浑天说和宣夜说。

盖天说是我国最古老的讨论天地结构的体系。早期的盖天说

■ 张衡（78—139），东汉时期天文学家、数学家、发明家、地理学家、制图学家、文学家。为我国天文学、机械技术、地震学的发展做出了不可磨灭的贡献。联合国天文组织曾将太阳系中的1802号小行星命名为"张衡星"。

认为，天就像一个扣着的大锅覆盖着棋盘一样的大地。

后来盖天家又主张，天像圆形的斗笠，地像扣着的盘子，两者都是中间高四周低的拱形。这种盖天说既能克服"天圆地方"说的缺点，也能解释很多具有争议的天象。

浑天说在我国天文学史上占有重要的地位，对我国古代天文仪器的设计与制造产生了重大的影响，如浑仪和浑象的结构就和浑天说有着密切的联系，对天文学的有关理论问题的解释也产生了重大影响。

汉代科学家张衡在《浑天仪注》一文中写道：

浑天如鸡子，天体圆如弹丸。地如鸡子中黄，孤居于内，天大而地小……天之

包地犹壳之裹黄。

意思是说，天就像一个鸡蛋，大地像其中的蛋黄，天包着地如同蛋壳包着蛋黄一样。这是对浑天说的经典论述之一。

盖天说和浑天说中的日月星辰都有一个可供附着的天壳，盖天说中的是附着在天盖上，浑天说中的是附着在像蛋壳一样的天球上，都不用担心会掉下来。

后来人们观测到日月星辰的运动各自不同，有的快、有的慢，有的甚至在一段时间中停滞不前，根本就不像附着在一个东西上。所以就又产生了一种新的理论，这就是宣夜说。

宣夜说主张，天是无边无涯的气体，没有任何形质，我们之所以看天有一种苍苍然的感觉，是因为它离我们太遥远了。日月星辰自然地飘浮在空气中，不需要任何依托，因此它们各自遵循自己的运动规律。

宣夜说打破了天的边界，为我们展示了一个无边无际的广阔的宇宙空间。

在恒星命名和天空区划方面，各种思想意识的影响愈加明显。古代星名中有一部分是生产生活用具和一些物质名词，如斗、箕、毕、杵、臼、斛、仓、廪、津、

■ 张衡发明的浑天仪

屈原（约前340—前278），他是我国古代浪漫主义诗歌的奠基者。主要作品有《离骚》《九歌》等。他创造的"楚辞"文体在文学史上独树一帜，与《诗经》并称"风骚"二体，并且对后世诗歌创作产生了积极影响。

龟、鳖、鱼、狗、人、子、孙等，这可能是早期的产物。

大量的古星名是人间社会里各种官阶、人物、国家的名称，可能是随着奴隶制和封建制的建立和完善，以及诸侯割据的局面而逐渐形成的。

天空区划的三垣二十八宿，其二十八宿的名称与三垣名称显然是两种体系，它们所占天区的位置也不同。这都反映了不同的思想意识的影响。

在我国古代天文学思想中，应该提及的是古代天文学家探求原理的思想。我国古代科学家很早就努力探索天体运动的原理了。如沈括对不是每次朔都发生食的解释，郭守敬对日月运动追求三次差四次差的改正，明清时期学者对中西会通的研究，都体现了探求原理的思想。

在近代科学诞生之前，对于东西方古代天文学家来说，没有近代科学和万有引力定律的理论武装，要探求天体运动的原理都不会成功的。但我国古代历法中，许多表格及计算方法都可以找到几何学上的解释。

这一点足见我国古人的才智。

此外，我国古代天文学家对许多天象都有深刻的思考并力图予以解释。

战国末期楚国辞赋家屈原在

■ 沈括雕像

■ 古人研制浑天仪情景

《天问》中提出了天地如何起源，月亮为何圆缺，昼夜怎样形成等大量问题；盖天说和浑天说都努力设法解释昼夜、四季、天体周日和周年视运动的成因，对日月不均匀运动也曾以感召向背的理由给予解释。

尽管他们是不成功的或缺乏科学根据的，但不能因为不成功而否定他们的努力。探索原理的思想几千年来一直在指导着我国古代科学家们的工作。

我国古代的天文历法，就是在阴阳五行学说的协助下发展起来的。

我国古代有很多与"气"有关的概念，如节气、气候、气化、气势、气质、运气等。如果仔细分析这些概念就会发现，气是有属性的，在宇宙间没有无属性的中性的气存在。

气由阳气和阴气组成。后世将阴阳作为哲学概念应用得十分广泛，但追本求源，阴阳的观念最早

阴气 与"阳气"相对。事物或运动中具有内里的、向下的、抑制的、重浊的、形质性的等具有阴属性的一面。就脏腑功能来说，则五脏之气为阴气；就营卫之气来说，则营气为阴气。余可类推。

只是源于历法和季节的变化。

古人以为，气候的变化是由于阴阳二气的作用，阳气代表热，阴气代表冷。宇宙间阴阳二气相互作用，发生交替的变化，便反映在一年四季的变化上。

夏季较炎热时，属于纯阳。冬季较寒冷时，属于纯阴。阳气和阴气互为消长，春季阳气则增长，而阴气则衰弱。

■ 道观墙壁上的阴阳五行图

夏至 是二十四节气中最早被确定的一个节气。公元前7世纪，先人采用土圭测日影确定了夏至。夏至这天，太阳直射地面的位置到达一年的最北端，几乎直射北回归线，此时，北半球的白昼达最长，且越往北越长。夏至，不仅是一个重要的节气，还是我国民间重要的传统节日。夏至是我国最古老的节日之一，有一种观点认为传统节日中的端午节就是源自夏至节。

当阳气达到极盛时就是夏至，由此发生逆转，阴气渐升，阳气下降；当阴气达到极盛时就是冬至，这时再次发生逆转，阳气上升，阴气下降，完成了一个周期的交替变化。

五行是指木、火、土、金、水5种物质。在我国古代，人们对于五行的看法与后世哲学上的五行几乎完全不同。

古人认为，五行就是一年或一个收获季节中的5个时节。这一说法在上古文献中记载更直接。

例如，《吕氏春秋》就把五行直接称为五气，也就是将一年分为5个时节之义。又如，《左传·昭公元年》中记载："年分为四时，序为五节。"而《管子·五行篇》中则说："作立五行，以正天时，五官以正人位。"可见上古均是将五行解释成时节或节气。

古人用直观的5种物质的名称给5种太阳行度命名，就如以十二生肖给日期命名一样，符合古人朴素的思想观念。

五行之间的生克制化，同样具有天文学意义。五行相生，又叫"生数序五行"，其含义是后一个行是由前一个行衍生出来的，以至于逐个相生，形成一个循环系列，周而复始。五行相生是五行观念中使用最普遍，发展最成熟的一种排列方式。

按照《春秋繁露·五行之义》的说法，木是五行的开始，水是五行的终了，土是五行的中间。木生火，火生土，土生金，金生水，水又生木。木行居东方而主春气，火居南方而主夏气，金居西方而主秋气，水居北方而主冬气。所以木主生而金主杀，火主热而水主寒。

这是上古各类文献中，有关生数五行定义的通常说法，可见古人设立五行，开始时并不是为了解决哲学问题，而是借助5种物质的名称来作为一年中5个季节的名称。

木行就是一年中开始的第一个季节，相当于春季；火行为第二个

十二生肖星宿太极图

天干指南针

季节，相当于夏季；土行为第三季，介于夏秋之间；金行为第四个季节，相当于秋季；水行为第五个季节，相当于冬季。

干支理论是我国古代思想家的一大杰出贡献，尽管当时对天体运行及其结构缺乏科学的了解，但已经在天文学、哲学领域有了相当深入的研究，并取得了后世无法企及的成就。

天干地支，简称"干支"，又称"干枝"。天干的数目有10位，它们的顺序依次是：甲、乙、丙、丁、戊、己、庚、辛、壬、癸。地支的数目有12位，它们的顺序依次是：子、丑、寅、卯、辰、巳、午、未、申、酉、戌、亥。天干地支在我国古代主要用于纪年、纪月、纪日和纪时等。

干支纪年萌芽于西汉时期，始行于王莽，通行于东汉后期。公元85年，朝廷下令在全国推行干支纪年。

干支纪年，一个周期的第一年为"甲子"，第二年为"乙丑"，依此类推，60年一个周期；一个周期完了重复使用，周而复始，循环下去。

如1644年为农历甲申年，60年后的1704年同为农历甲申年，300年后的1944年仍为农历甲申年；1864年为农历甲子年，60年后的1924年同为农历甲子年；1865年为农历乙丑年，1925年、1985年同为农历乙丑年，以此类推。

干支纪年是以立春作为一年的开始，是为岁首，不是以农历正月初一作为一年的开始。

干支纪月时，每个地支对应二十四节气自某节气至下一个节气，以交节时间决定起始的一个月期间，不是农历某月初一至月底。

若遇甲或乙的年份，正月大致是丙寅；遇上乙或庚之年，正月大致为戊寅；丙或辛之年正月大致为庚寅，丁或壬之年正月大致为壬寅，戊或癸之年正月大致为甲寅。

依照正月之干支，其余月份按干支推算。60个月合5年一个周期；一个周期完了重复使用，周而复始，循环下去。

干支纪日，60日大致合两个月一个周期；一个周期完了重复使用，周而复始，循环下去。

干支记日比起记载某月某日，其优势是非常容易计算历史事件的日期间隔，以及是否有闰月存在。

由于农历每个月29日或30日不定，而且有没有闰月也不知道，因此，如果日期跨月，计算将会非常困难。至于某月某日和干支的对应，则可以查万年历。

干支纪时，60时辰合5日一个周期；一个周期完了重复使用，周而复始，循环下去。

天干地支风水罗盘

■ 古代星象图

干支纪时必须注意的是，子时分为0时至1时的早子时，以及23时至24时的晚子时，所以遇到甲或乙之日，0时至1时是甲子时，但23时至24时是丙子时。晚子时又称"子夜"或"夜子"。

天干地支除了可以纪月日时外，在它的主要序数功能被一二三四等数字取代之后，人们仍然用它们作为一般的序数字。

尤其是甲乙丙丁，不仅用于罗列分类的文章材料，还可以用于日常生活中对事物的评级与分类。

阅读链接

相传，在远古时期，共工和颛顼两人为了争夺天下而战。共工失败后，一气之下跑到了大地的西北角，撞倒了那里的不周山。不周山原是8根擎天柱之一，撞倒之后，西北方的天就塌了，东南方的地也陷了下去。于是，天上的日月星辰都滑向西北方，地上的流水泥沙都流向了东南方。

古人对自然现象的成因不能理解，往往会借助想象，创造出各种神话传说，表达他们对自然界发生的各种现象的揣测。这则神话生动地反映了古人对于天地结构的推测。

古代天象珍贵记录

古代天象是指古代对天空发生的各种自然现象的泛称。包括太阳出没、行星运动、日月变化、彗星、流星、流星雨、陨星、日食、月食、激光、新星、超新星、月掩星、太阳黑子等。

我国古代天象记录，是我国古代天文学留给我们的一份珍贵遗产。尤其是关于太阳黑子、彗星、流星雨和客星的记载，内容丰富，系统性强，在科学上显示出重要的价值。同时也反映了我国古代天文学者勤于观察、精于记录的工作作风。

■ 原始望远镜

羲仲 上古人物。根据《史记·五帝本纪》《尚书·尧典》记载,羲仲是尧的大臣。尧命他居住在郁夷旸谷,就是现在的山东省日照市。观察日出、日中,观察朱雀七宿,来确定春分。以方便春天的播种。

我们的祖先极其重视对天象的观察和记录,据《尚书·尧典》记载,帝尧曾经安排羲仲、羲叔、和仲、和叔恭谨地遵循上天的意旨行事,观察日月星辰的运行规律,了解掌握人们和鸟兽的生活情况,根据季节变化安排相应事务。

尧推算岁时,制定历法,还创造性地提出设置"闰月",来调整月份和季节。

从这里我们也不难看出,在传说中的尧时已经有了专职的天文官,从事观象授时。史载尧生于公元前2214年,去世于公元前2097年,享年117岁。他为我国古代天文事业做出了重要贡献。

从尧帝时期开始,我国古代就勤于观察天象,勤于记录。在长期的观察中,古人对太阳黑子、彗星、流星雨、客星,以及天气气象的记载,为我们留下了宝贵的古代天文学文化遗产,使我们看到了古代的天

■ 古观象台模型

空，也感受到古代的天气气象。

黑子，在太阳表面表现为发黑的区域，由于物质的激烈运动，经常处于变化之中。有的存在不到一天，有的可达一个月以上，个别长达半年。这种现象，我们祖先也都精心观察，并且反映在记录上。

■《淮南子》中的天文记载

现今世界公认的最早的黑子记事，在约成书于公元前140年的《淮南子·精神训》中，其中就有"日中有踆乌"的叙述。踆乌，也就是黑子的形象。

比《淮南子·精神训》的记载稍后的，还有《汉书·五行志》引西汉学者京房《易传》记载："公元前43年4月……日黑居仄，大如弹丸。"这表明太阳边侧有黑子呈倾斜形状，大小和弹丸差不多。

太阳黑子不但有存在时间，也有消长过程中的不同形态。最初出现在太阳边缘的只是圆形黑点，随后逐渐增大，以致成为分裂开的两大黑子群，中间杂有无数小黑子。这种现象，也为古代观测者所注意。

《宋史·天文志》记有："1112年4月辛卯，日中有黑子，乍二乍三，如栗大。"这一记载，就是属于极大黑子群的写照。

据统计，从汉代至明代的1600多年间，我国一些

踆乌 是指古代传说中太阳里的三足乌。我国古代天文学家勤于观测，精于观测，对太阳的细微变化都进行了详细的描述。他们最早发现了太阳黑子现象，就是太阳光球层上出现的黑斑。"踆乌"，原来就是太阳黑子的形象。

■ 彗星图

古籍中记载黑子的形状和消长过程为106次。

我国很早就有彗星记事，并给彗星以孛星、长星、蓬星等名称。彗星记录始见于《春秋》记载："鲁文公十四年（公元前613年）七月，有星孛入于北斗。"这是世界上最早的一次哈雷彗星记录。

《史记·六国表》记载："秦厉共公十年彗星见。"秦厉共公十年就是周贞定王二年，也就是公元前467年。这是哈雷彗星的又一次出现。

哈雷彗星绕太阳运行平均周期是76年，出现的时候形态庞然，明亮易见。从春秋战国时期至清代末期的2000多年，共出现并记录31次。

其中以《汉书·五行志》，也就是公元前12年的记载最详细。书中以生动而又简洁的语言，把气势雄壮的彗星运行路线、视行快慢以及出现时间，描绘得栩栩如生。

其他的每次哈雷彗星出现的记录，也相当明晰精确，分见于历代天文志等史书。

我国古代的彗星记事，并不限于哈雷彗星。据初步统计，从古代至1910年，记录不少于500次，这充分证明古人观测的辛勤。

我们的祖先非常重视彗星，有些虽然不免于占

彗星 靠近太阳时能够较长时间大量挥发气体和尘埃的一种小天体。是太阳系中小天体之一类。当它靠近太阳时即为可见。太阳的热使彗星物质蒸发，在冰核周围形成朦胧的彗首和一条稀薄物质流构成的彗尾。我国古代对彗星的记载在世界上是最早的。

卜，但是观测勤劳，记录不断，使后人得以查询。欧洲学者常常借助我国典籍来推算彗星的行径和周期，以探索它们的回归等问题。我国前人辛劳记录的功绩不可泯灭。

流星雨的发现和记载，也是我国最早，在《竹书纪年》中就有"夏帝癸十五年，夜中星陨如雨"的记载。其最详细的记录见于春秋时期的《左传》："鲁庄公七年夏四月辛卯夜，恒星不见，夜中星陨如雨。"鲁庄公七年是公元前687年，这是世界上天琴座流星雨的最早记录。

我国古代关于流星雨的记录，大约有180次之多。其中天琴座流星雨记录大约有9次，英仙座流星雨记录大约有12次，狮子座流星雨记录有7次。这些记录，对于研究流星群轨道的演变，也是重要的资料。

流星雨的出现，场面相当动人，我国古记录也很精彩。

据《宋书·天文志》中记载，南北朝时期宋孝武帝"大明五年……三月，月掩轩辕……有流星数千万，或长或短，或大或小，并西行，至晓而止。"这次流星发生在公元461年。当然，这里的所谓"数千万"并非确数，而是"为数极多"的泛称。

流星体坠落到地面便成为陨石或陨铁，这一事实，我国也有记载。《史

> **流星雨** 是在夜空中有许多的流星从天空中一个所谓的辐射点发射出来的天文现象。是宇宙中被称为流星体的碎片，在平行的轨道上运行时以极高速度进入地球大气层的流束。流星雨这一天文现象，曾经被我国古代天文领域所关注。

■ 古籍中有关流星石的记载

■ 广西南丹铁陨石

陨铁 含铁量大的陨星称为"陨铁"。陨石可分为铁陨石也叫陨铁、石铁陨石也叫陨铁石、石陨石也叫陨石。陨铁由北宋科学家记录在《梦溪笔谈》中，并作了较为详尽的描述，是我国古代天文学珍贵的史料。

记·天官书》中就有"星陨至地，则石也"的解释。至北宋时期，沈括更发现以铁为主要成分的陨石，其"色如铁，重亦如之"。

在我国现在保存的最古年代的陨铁是四川省隆川陨铁，大约是在明代陨落的，1716年掘出，重58.5千克。现在保存在成都地质学院。

有些星原来很暗弱，大多数是肉眼所看不见的。但是却在某个时候它的亮度突然增强几千至几百万倍，叫作"新星"；有的增强到一亿至几亿倍，叫作"超新星"。

以后慢慢减弱，在几年或10多年后才恢复原来亮度，好像是在星空做客似的，因此给这样的星起了个"客星"的名字。

在我国古代，彗星也偶尔列为客星；但是对客星记录进行分析整理之后，凡称"客星"的，绝大多数是指新星和超新星。

我国殷代甲骨文中，就有新星的记载。见于典籍的系统记录是从汉代开始的。《汉书·天文志》中有："元光元年六月，客星见于房。"房就是二十八宿里面的房宿，相当于现在天蝎星座的头部。汉武帝元光元年是公元前134年，这是中外历史上记录的第一颗新星。

自殷代至1700年为止，我国共记录了大约90颗新星和超新星。其中最引人注意的是1054年出现在金牛座天关星附近的超新星，两年以后变暗。

1572年出现在仙后座的超新星，最亮的时候在当时的中午肉眼就可以看见。

《明实录》中记载：

> 隆庆六年十月初三日丙辰，客星见东北方，如弹丸……历十九日壬申夜，其星赤黄色，大如盏，光芒四出……十月以来，客星当日而见。

我国的这个记录，当时在世界上处于领先水平。

我国历代古籍中还有天气、气象的记载。

夏代已经推断出春分、秋分、夏至、冬至。东夷石刻连云港将军崖岩画中有与社石相关的正南北线。

商代关注不同天气的不同现象。甲骨文中有关于风、云、虹、雨、雪、雷等

记载古代天气现象的甲骨文

《黄帝内经》中有关气象的记载

天气现象的记载和描述。

西周时期用土圭定方位,并且知道各种气象状况反常与否,均会对农牧业生产造成影响。《诗经·豳风·七月》,记载了天气和气候谚语,有关于物候的现象和知识;《夏小正》是我国最早的物候学著作。

春秋时期,秦国医学家医和开始将天气因素看作疾病的外因;曾参用阴阳学说解释风、雷、雾、雨、露、霰等天气现象的成因。

《春秋》将天气反常列入史事记载;《孙子兵法》将天时列为影响军事胜负的5个重要因素之一;《周易·说卦传》中指出"天地水火风雷山泽"八卦代表自然物。

战国时期,重视气象条件在作战中的运用。庄周提出风的形成来自空气流动的影响,并提到日光和风可以使水蒸发。《黄帝内经·素问》中详细说明了气候、季节等与养生和疾病治疗间的关系。

秦代形成相关的法律制度,各地必须向朝廷汇报雨情,以及受雨泽或遭遇气象灾害的天地面积。在《吕氏春秋》将云分为"山云、水云、旱云、雨云"四大类。

医和 是春秋时期秦国名医。医和用诊病手段得到的不仅是病人所患疾病的信息,而且还有病人的命程,甚至病人身边良臣的命程的准确信息。他不单是在"医",而且同时在"卜",在"算",在"相"。史书上就总是把"医""卜""星""相"列在一起。

汉代列出了与现代名称相同的二十四节气名，并且出现了测定风向及其他天气情况的仪器。西汉时期著名的唯心主义哲学家和经学大师董仲舒指出的雨滴的大小疏密与风的吹碰程度有关。

东汉哲学家王充的《论衡》，指出雷电的形成与太阳热力、季节有关，雷为爆炸所起；东汉学者应劭的《风俗通义》，提出梅雨、信风等名称。

三国时期，进一步掌握了节气与太阳运行的关系。数学家赵君卿注的《周髀算经》，介绍了"七衡六间图"，从理论上说明了二十四节气与太阳运行的关系。

两晋时期，"相风木鸟"及测定风向的仪器盛行。东晋哲学家姜岌指出贴近地面的浮动的云气在星体上升时，能使星间视距变小，并使晨夕日色发红。晋代名人周处的《风土记》提出梅雨概念。

南北朝时不仅了解了气候对农业生产的影响，还开始探索利用不同的气候条件促进农业生产。

北魏贾思勰《齐民要术》，充分探讨了气象对农业的影响，并提出了用熏烟防霜及用积雪杀虫保墒的办法；北魏的《正光历》，将七十二候列入历书；南朝梁宗懔的

> **保墒** 保持水分不蒸发，不渗漏，例如播种后地要压实，是为了减少孔隙，让上层密实的土保住下层土壤的水分。一般通过深耕、细耙、勤锄等手段来尽量减少土壤水分的无效蒸发，使尽可能多的水分来满足作物的生长。从古至今，保墒与天气变化都有直接的关系。

■ 玑横抚辰仪

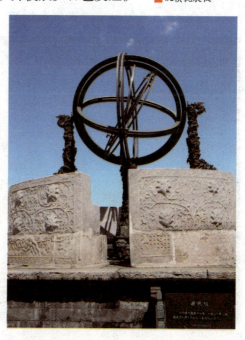

> **对流性天气** 主要是指雷暴、冰雹、龙卷风等天气。对流性天气十分激烈，容易造成灾害。其影响范围较小，持续时间较短，所以通常是一种局部灾害性天气。对流行天气现象在我国古代天文史料中多有记载，是了解气候变化规律的重要参考资料。

《荆楚岁时记》的提出冬季"九九"为一年里最冷的时期。

隋唐及五代时期，医学家王冰根据地域对我国的气候进行了区域划分，这是世界上最早提出气温水平梯度概念的。隋代著作郎杜台卿的《玉烛宝典》，摘录了隋代以前各书所记载的节气、政令、农事、风土、典故等，保存了不少农业气象佚文；唐代天文学家李淳风的《乙巳占》，记载测风仪的构造、安装及用法。

宋代对于气象的认识更为丰富和详细，在雨雪的预测及测算方面更为精确。

北宋地理学家沈括的《梦溪笔谈》中，涉及气象的如峨眉宝光、闪电、雷斧、虹、登州海市、羊角旋风、竹化石、瓦霜作画、雹之形状、行舟之法、垂直气候带、天气预报等；南宋绍兴秦九韶的《数书九

■《黄帝内经》有关天气变化的内容

章》，列有4道测雨雪的算式，说明如何测算平地雨雪的深度。

清代译著的《测候丛谈》中采用"日心说"，全面介绍了太阳辐射使地面变热以及海风、陆风、台风、哈得来环流、大气潮、霜、露、云、雾、雨、雪、雹、雷、平均值及年、日较差计算法、大气光象等大气现象和气象学理论。

岁月推移，天象更迭。我们祖先辛勤劳动，留下宝贵的天象记录，无一不反映出先人孜孜不倦、勤于观测的严谨态度，无一不闪烁着我们民族智慧的光辉。这些是我国古代丰富的文化宝库中的一份珍贵遗产，对今后更深刻地探索宇宙规律起到重要的作用。

> **阅读链接**
>
> 尧帝以"敬授民时"活动，促进了我国古代天文事业和农耕文明的进步。
>
> 《尚书·尧典》中说，尧派羲仲住在东方海滨叫"旸谷"的地方观察日出，派羲叔住在叫"南交"的地方观察太阳由北向南移动，派和仲住在西方叫"昧谷"的地方观察日落，派和叔住在北方叫"幽都"的地方观察太阳由南向北移动。
>
> 春分、秋分、冬至、夏至确定以后，尧决定以366日为1年，每3年置1闰月，用闰月调整历法和四季的关系，使每年的农时正确，不出差误。

《二十四史》中的天文律历

自从西汉史学家司马迁著《史记》以来,形成了历代为前代撰写史书的传统。从《史记》至《明史》共24部,总称《二十四史》。

在《二十四史》中不但记载历代史实,还有关于天文、律历的大量内容。

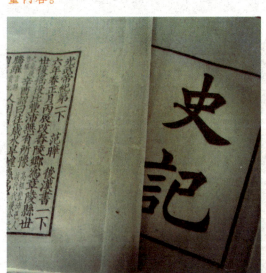

《二十四史》中有17部专门著有天文、律历、五行、天象诸志。各天文志中均有传统的天象记录,保证了我国古天象记录的完整性。这些记载是研究我国天文学史的主要资料来源。

■《史记》

《二十四史》中专门著有天文、律历、五行、天象的史书，其中还包括《史记》《汉书》《后汉书》《晋书》《宋书》《南齐书》《魏书》《隋书》《旧唐书》《新唐书》《旧五代史》《新五代史》《宋史》《辽史》《金史》《元史》《明史》。

其中有些史书的记载是历史典籍中首次出现，具有重要的价值。

《史记·天官书》为西汉史学家司马迁撰，总结了西汉以前的天文知识，详细叙述全天星官星名，全天五宫及各宫恒星分布，共列出90多组星名，500多星，但其名称往往与后世有异，为研究星名沿革提供了信息。

■ 司马迁著《史记》浮雕

《史记·天官书》中还指出北斗与各星宿相对应的关系，根据北斗的观测可判定各星宿的位置。关于恒星大小和颜色的描述表示了恒星亮度与温度，这是我国古代有关恒星物理性质的难得资料。

《史记·天官书》中还叙述了众多的天象、彗孛流陨、云气怪星等，描述了它们的形状和区别，并记下了"星坠至地则石也"的认识。此外，五大行星的运动规律，日月食的周期性，二十八宿与十二州分野都在书中有首次记载。

《汉书·天文志》由汉代大学问家马续撰。关于全天恒星统计有118官，783星。天文志中详细记录了各种天象出现的时间，尤其是行星在恒星间的运行、

星官 是我国古代为了便于认星和观测，把若干颗恒星组成一组，每组用地上的一种事物命名，这一组就称为一个星官，简称"一官"。唐宋时期也有称之为"一座"的。但是这种星官并不包含星空区划的含义，与现今所说的星座概念有所不同。

《二十四史》

太白昼见、彗孛出现的时间和方位。

《后汉书·天文志》为西晋史学家司马彪撰，也继续记载这一系列天象。

两书的"五行志"则着重记述日食、月食、日晕、日珥、彗孛流陨之事，特别是对日食的食分和时刻有详细记载，对太阳黑子出现的时间、形状作出了很有价值的描述，是早期天象记录的重要来源。

《晋书·天文志》为唐代天文学家李淳风撰写，是一篇重要的天文学著作，虽比《宋书》《南齐书》《魏书》的"天文""五行志"晚出，但它的内容丰富，基本上是晋以前天文学史的一个总结。

其中有关于天地结构的探讨，浑天盖天宣夜之说及论天学说，各说之间的争论和责难。

有各代所制浑象的结构、尺寸、沿革情况；有全天恒星的重新描述，计283官，1464星，为陈卓总结甘石巫三家星以后直至明末之前我国恒星名数的定型之数。

有银河所经过的星宿界限；十二次与州郡与二十八宿之间的对应关系，十二次是古人为了观测日、月、五星的运行和气节的变换，把周天分为十二的等分；还有各种天象的观测，首次指出彗星是因太阳而发光，彗尾总背向太阳的道理。最后还记录了大

日珥 是突出在日面边缘外的一种火焰状活动现象。它远比日冕亮，但比日面暗。在日全食时，太阳的周围镶着一个红色的环圈，上面跳动着鲜红的火舌，这种火舌状物体就叫"日珥"。日珥是在太阳的色球层上产生的一种非常强烈的太阳活动，是太阳活动的标志之一。

量天象，使历代天象记录延续不断。

《隋书·天文志》也是李淳风所撰写。关于天地结构，全天星宿的内容与《晋书·天文志》颇有相似之处，盖因出于一人一时之笔。

但此书详论浑仪之结构和踪迹，首次描述了前赵孔挺和北魏斛兰等人所铸浑仪，留下了早期浑仪结构的资料，难能可贵。

《隋书·天文志》又论述了盖地晷景、漏刻等内容，记录了一日10时，夜分五更的制度。第一次列举交州、金陵、洛阳等地测影结果，指出"寸差千里"的说法与事实不符。

书中还引述姜岌的发现，"日初出时，地有游气，故色赤而大，中天无游气，故色白而小"，这与蒙气差的道理相合。

此外，又引述南北朝时期天文学家张子信居海岛观测多年，发现太阳运动有快有慢，行星运动也不均匀，提出感召向背的原因来给予解释。这都是我国天

蒙气差 观测太空星体时，星光进入大气层的真实天顶角与人在地面看到的天顶角不同，这种差异，是由于大气折射造成的，这就是蒙气差。当日月星辰实际上在地平线以下时，由于蒙气差，我们才可以看到它们，这样日出的时间会提早，日落的时间将会延迟。

古籍《后汉书·天文志》

李淳风塑像

文学史上的重要发现。

新、旧《唐书》出自不同作者，详略各有不同，可互为参阅。两书天文志详论了北魏铁浑仪传至唐初已锈蚀不能使用。

李淳风铸浑天黄道仪，确立了浑仪的3层规环结构，又考虑白道经常变化的现象，使白道可在黄道环上移动，后来一行、梁令瓒又铸黄道游仪，使黄道在赤道环上游动象征岁差。

新、旧《唐书》天文志记载了两仪的结构和下落，并列出了一行测量二十八宿去极度的结果，发现古今所测有系统性的变化。

新、旧《唐书》天文志还记载了一行、南宫说等进行大地测量的情况和结果，发现"寸差千里"之谬，并发现南北两地的影长之差跟地点和季节均有关系，改以北极出地度来表示影差较为合适。

新、旧《唐书》天文志还以较大篇幅记载唐代各种天象，互有补充。

特别应提出《旧唐书·天文志》记录了唐代天文机构的隶属关系和人员配置，相应的规章制度，尤其是规定司天官员不得与民间来往，使天文学逐渐成为皇室垄断的学问。

这一资料对研究我国天文学史非常重要。新旧唐书天文志是晋志以后的重要著作。

新、旧《五代史》也出自两人，仅记日月食、彗流陨之天象，但《旧五代史》中天文志较详尽。

《宋史·天文志》卷帙浩繁，除详细叙述全天恒星、记录宋代各种天象外，还介绍了北宋时期制造浑仪及水运浑象、仪象台的简况，有沈括所著《浑仪议》《浮漏议》《景表议》3篇论文的全文，是天文学史的重要资料。

宋、辽、金三史以金史文笔最为简洁，但金史将天文仪器的内容放在历志里，似无道理，它叙述了宋灭后北宋仪器悉归于金，并运至北京，屡遭损坏的情况，为仪器的沧桑变迁提供了有价值的史料。

《元史·天文志》中详细记述了郭守敬创制的多种仪器，元代"四海测验"的情况和结果，还有阿拉伯仪器的传入，集中描述了7件西域仪象，是明代以前对传入天文仪器描述最集中系统的资料。它是《唐书·天文志》以后较为重要的史料。

《明史·天文志》则是中西天文学合流之后记述这一情势的重要资料，许多内容当采自崇祯历书。这里有第谷体系，日月行星与地球的距离数据，伽利略

> **第谷体系** 是天文学家第谷于16世纪提出的一种介于地心和日心体系之间的宇宙体系，即介于托勒密和哥白尼两体系的折中体系。认为地球静居中心，行星绕日运动，而太阳则率行星绕地球运行。

■ 古籍《宋史·天文志》书影

> **四分历** 是以1/4日为回归年长度调整年、月、日周期的历法。冬至起于牵牛初度,则1/4记在斗宿末,为斗分,是回归年长度的小数,正好把一日四分,所以古称"四分历"。战国至汉初,普遍实行四分历。"四分历"的创制和运用,集中体现了我国古人的聪明才智和天文历法水平,在世界范围内具有非常宝贵的价值。

望远镜的最初发现,南天诸星北半球之我国不可见者,西方的一些天文仪器、黄道坐标系等。

《二十四史》《律历志》中的律,主要内容是音律,与天文学关系似不密切。历,是我国天文学史的主要内容,各史历志是有关我国历法史的资料源泉。

从史记历书以来,各史中均详细记载了一些历法的基本数据和推算方法,还有相应的历法沿革、理论问题等。

在历法推算之外,还有一些有关历法沿革和改历背景方面的资料。

《后汉书》中有太初历与四分历兴废时期的情况,如贾逵论历、永元论历、延光论历、汉安论历、熹平论历、论月食等篇。

《宋书·历志》中有祖冲之与戴法兴关于历法理论问题的辩论。《新唐书·历志》中有大衍历议。

■ 古籍《明史·天文志》书影

《元史·历志》中有授时历议；《明史·历志》中有历法沿革、大统历法原等。

这些都是很重要的篇章。对于的我国历法史的研究来说，这些都是必不可少的资料。

《二十四史》中除上面列举的天文、律历、天象、五行诸志外，还有些篇章中也有关于天文学的内容。

如《帝纪》中就有不少重要的天象记录以及这些天象发生前后的一些情况，在礼、经籍、艺文等志中有天文机构、天象祭祀、天文书籍的资料。

此外，在列传中的方技、儒林、艺术、文苑、文学等部分有许多天文学家的传记，为研究天文学家和他们的著作、贡献提供了依据。因此，《二十四史》确实是我国天文学史的资料宝库。

■ 天象雕刻

阅读链接

学术争论自古有之。祖冲之是南北朝时期的科学家。他曾满怀热情地把自己精心编成的《大明历》连同《上"大明历"表》一起送给朝廷，请求宋孝武帝改用新历，公布施行。

可是，思想保守并颇受皇帝宠幸的大臣戴法兴竭力加以反对，还指责祖冲之没有资格改变古历。

祖冲之面对威胁，义正词严地批驳他的歪理邪说。宋孝武帝终于被祖冲之精辟透彻的说理，确凿无误的事实所感动和说服，决定改行新历。祖冲之取得了最后的胜利。

古代诗文中的日月星辰

大儒有言,不通声韵训诂,不懂天文历法,不能读古书。我国古典诗文中特别注重对闪烁群星的描写,这是古代天象记载的一个重要方面,对发展和传播天文学知识起到了不可忽视的作用。

古典诗文中提到的日月星辰,包括二十八宿、银河与牛郎织女、南斗和北斗,以及其他著名星斗,它们不仅具有天文学意义,其背后的故事更是耐人寻味。

■ 古代记载星象的《诗经》

《诗经·大雅》

在遥远的夏商周时期，天文知识是每个人必备的基本常识，像《诗经》里的一些涉及天文现象的诗句，无非都是农夫、戍卒、儿童们挂在口头上的。

其实，在作为我国诗歌源头的《诗经》中，浩瀚神秘的星空就已经是诗歌中常见的描写对象了，后代文学作品中常涉及的星宿，在《诗经》中多数都已出现。

清代的著名学者顾炎武在他的著名笔记《日知录》中说："三代以上，人人皆知天文。七月流火，农夫之辞也。三星在户，妇人之语也。月离于毕，戍卒之作也。龙尾伏辰，儿童之谣也。"

这里的"三代"指的是夏、商、周三代，"火""三星""毕""龙尾"都是指星星的名称。

"七月流火"源于《豳风·七月》，说的是大火星。大火星就是心宿二，也就是现代的天蝎座蝎尾倒

顾炎武（1613—1682），明末清初著名思想家、史学家、语言学家。与黄宗羲、王夫之并称为三大儒。他学问渊博，对于国家典制、天文仪象等都有研究。晚年治经重考证，开清代朴学风气。

古代天象图

东方七宿：角、亢、氐、房、心、尾、箕
北方七宿：斗、牛、女、虚、危、室、壁
西方七宿：奎、娄、胃、昴、毕、觜、参
南方七宿：井、鬼、柳、星、张、翼、轸

刺上呈一条直线的3颗星中的第二颗。它是一颗著名的红色亮星，体积为太阳的2700万倍，距离地球为424光年，在夏季的夜空中特别明显。

"七月流火"本来的意思是说，至7月，大火星开始往下走，天气渐渐转凉。在此后的"九月授衣"，也就是说开始准备冬衣。就连蟋蟀也配合着节气和气候，"七月在野，八月在宇，九月在户，十月蟋蟀入我床下"。

所以，"七月流火"的意思并不是像现代人根据字面上理解的那样，以为说的是7月天气炎热。

大火星在《左传》中也有记载，其中的童谣有"龙尾伏辰"之说，"龙尾"即尾宿，是现在天蝎座的整个尾巴，"辰"即是心宿。

《唐风·绸缪》中的"三星在户"，说的是二十八宿中的参宿三星，它们是现代的猎户座中间的呈一条直线的3颗星，在希腊神话中是猎户的腰带。

参宿三星出现在寥落的冬季夜空，非常容易辨识。《唐风·绸缪》一诗写的是一位少女，在清冷的冬季望着挂在门端的参宿三星，思念自己的意中人，"今夕何夕，见此良人"。

"三星在户"也有其他的美好寓意，如古代人常常在新婚夫妇的门侧题写"三星在户，五世其昌"的对联。

参宿一星与前面说到的心宿二星在天穹上180度相对，两两相望此升彼落，永远不能相逢。心宿二星又名"商星"，唐代诗人杜甫的名句"人生不相见，动如参与商"，说的就是朋友之间的隔绝难以相见。

《小雅·渐渐之石》"月离于毕"中的"毕"是二十八宿中的毕宿，"月离于毕，俾滂沱矣"，民间认为当月亮经过毕宿时，天就要下滂沱大雨。毕宿有8颗星，在古代又称"天口"，形似古时田猎用的长柄网，而这种长柄网的名字就叫"毕"。

毕宿在现代是金牛座那著名的"Y"形群星，在冬末春初时的黄昏出现于南方的星空。其中，据说作为牛的左眼的毕宿五，也是天空中有名的亮星，是古代航海者辨别航向的重要依据。

古典诗文中提到的银河与牛郎、织女，既有天文

> 杜甫（712—770），世称"杜工部""杜老""杜陵""杜少陵"等。他是唐代伟大的现实主义诗人，享有"诗圣"之称，世界文化名人。他的诗有1400余首被保留了下来，诗艺精湛，在我国古典诗歌中的影响非常深远，备受推崇。

■ 《左传》中有关星象的记载

观星台模型

北京古观象台简介

学意义,更有文学意蕴。夜空的银河如同一条奔腾的急流,从东北向南横跨整个天空。

一年四季之中,夏末秋初季节的银河最为明亮壮观。银河古称"天汉","汉"是地上的汉江,天汉就是天河。

《诗经》中经常写到天汉。《大雅·云汉》中说"倬彼云汉,昭回于天",意为那烟波浩渺的银河在天空中流转,为本来就热闹的星空平添了一抹浪漫主义色彩。

织女星距地球26.5光年,是整个天空中除了太阳之外较亮的恒星。在织女星旁边有4颗小星组成一个菱形,我国古人认为那是织女织布用的梭子。

牵牛星距地球16.7光年,它和左右两颗小星呈一条直线,我国民间称之为"扁担星",传说中两颗小星是牛郎挑着的两个孩子。

而民间把银河与牵牛织女联系到一起,也是从《诗经》时代开始的。而《小雅·大东》就是民间对星空的淳朴理解:"维天有汉,监亦有光。跂彼织女,终日七襄。虽则七襄,不成报章。睆彼牵牛,不以服箱。"

银河波光粼粼,左岸的织女一天忙到晚也织不出美丽的花纹,而右岸的牵牛星也没有驾着车子来迎接她。从这短短的几句话里就可看出有许多的故事，这也已经具备了后世牵牛织女传说的基本要素了。

在情感丰富而内敛的古人眼中，这流转于天的银河，就成了他们失眠之夜眺望的对象。唐代诗人白居易的《长恨歌》中的"迟迟钟鼓初长夜，耿耿星河欲曙天"，就是唐玄宗所经历的每一个夜晚。

唐代另一个诗人李商隐的《嫦娥》一诗写道：

云母屏风烛影深，长河渐落晓星沉。
嫦娥应悔偷灵药，碧海青天夜夜心。

初秋季节，长河渐落，又是一夜过去，诗中寂寥凄清的情绪感动着每一位读者。

诗人在写银河时，总是把它与牵牛星、织女星一起描写。唐代诗人杜牧的《秋夕》中写道："银烛秋

白居易（772—846），字乐天，晚年又号香山居士。我国唐代伟大的现实主义诗人，我国文学史上负有盛名而且影响深远的诗人和文学家。他的诗歌题材广泛，形式多样，语言平易通俗，有"诗魔"和"诗王"之称。代表诗作有《长恨歌》《卖炭翁》《琵琶行》等。

■ 人物化的牛郎织女星

光冷画屏,轻罗小扇扑流萤。天阶夜色凉如水,坐看牵牛织女星。"诗境与李商隐的《嫦娥》相似,不过一写在天之人,一写在地之人罢了。

唐代诗人刘禹锡的《浪淘沙》中写道:"九曲黄河万里沙,浪淘风簸自天涯。如今直上银河去,同到牵牛织女家。"与以上两诗不同,其独具豪迈的浪漫主义色彩。

牵牛织女的神话传说在我国历史悠久,源远流长,同时也经历了一个漫长的发展过程。

著名的《古诗十九首》中继承并发展了《诗经》中的故事元素:

■ 北斗诸神

刘禹锡 (772年—842年),字梦得,彭城人,祖籍洛阳,唐朝文学家、哲学家,唐代中晚期著名诗人,有"诗豪"之称。他在政治上主张革新,是王叔文派政治革新活动的中心人物之一。后来永贞革新失败被贬为朗州司马,其间写了著名的《汉寿城春望》。

迢迢牵牛星,皎皎河汉女。
纤纤擢素手,札札弄机杼。
终日不成章,泣涕零如雨。
河汉清且浅,相去复几许?
盈盈一水间,脉脉不得语。

牵牛星遥远,织女星明亮,终日相望却不能相聚,"盈盈一水间,脉脉不得语",诗意含蓄隽永,余味悠长。

不知道从什么时候起,民间传说中有了每年农历七月初七就是牛郎织女相聚之日的情节。到了后世诗人手里,这个颇具悲剧色彩的故事便获得了更多的同情。

宋代词人秦观的《鹊桥仙》中写道:"纤云弄巧,飞星传恨,银汉迢迢暗度。金风玉露一相逢,便胜却人间无数。柔情似水,佳期如梦,忍顾鹊桥归路。两情若是长久时,又岂在朝朝暮暮。"这首词已成为对牛郎织女坚贞爱情的最高赞颂且千古流传。

南斗是由6颗星围聚成斗的形状,隶属现代的人马座;北斗为北斗七星,隶属大熊座。南斗和北斗中每一颗星在我国古代都各有名称,南斗六星分别名为天府、天相、天梁、天同、天枢、天机,北斗七星名为天枢、天璇、天玑、天权、玉衡、开阳、摇光。

这两组星中虽然没有特别突出的亮星,但是由于其特殊形状和它们所位置,能够格外引起诗人的联想和歌颂。对于南斗和北斗的描写,当然也要从《诗经》说起。

《小雅·大东》中记载:"维南有箕,不可以簸

秦观(1049—1100),字太虚,又字少游,别号邗沟居士,世称淮海先生。北宋高邮人,官至太学博士,国史馆编修。北宋后期著名婉约派词人。秦观诗词,高古沉重,寄托身世,感人至深。文字工巧精细,音律谐美,情韵兼胜。代表作品有《淮海集》《鹊桥仙》等。

牛郎织女木雕刻

■ 北斗七星石

扬。维北有斗，不可以挹酒浆。""箕"即箕宿，因为形似簸箕而得名，斗则是南斗的斗宿，"箕斗并在南方之时，箕在南而斗在北，故言南箕北斗。"

可是天上的簸箕却不能用来簸米扬糠，斗勺也不能用来舀酒盛水。不得不说古人的思维浪漫离奇。

唐代有一位鲜为人知的诗人刘方平，写了一首《月夜》诗：

> 更深月色半人家，北斗阑干南斗斜。
> 今夜偏知春气暖，虫声新透绿窗纱。

这首诗描写的是春末夏初的夜晚的闲适生活，其中真实再现了当时"北斗阑干南斗斜"的夜空情境。

无独有偶，曾造成洛阳纸贵这一轰动效应的左思的《吴都赋》中也说"仰南斗以斟酌"，也是要用天

刘方平 唐代河南洛阳人。工诗，善画山水。其诗多咏物写景之作，尤擅绝句，其诗多写闺情、乡思，思想内容较贫弱，但艺术性较高，善于寓情于景，意蕴无穷。其《月夜》《春怨》《新春》《秋夜泛舟》等都是历来为人传诵的名作。

上的星斗来斟酒。

相对而言，北斗的知名度比南斗高，因为它位于北天极附近，又像时针一样指着北极星而旋转，一年四季可见，一夜到亮可见。北斗不仅是天上著名的天象，同时也是古人借以判断季节的依据之一。

诸子百家之一的《鹖冠子》中的写道："斗柄东指，天下皆春；斗柄南指，天下皆夏；斗柄西指，天下皆秋；斗柄北指，天下皆冬。"

是说黄昏时刻，当北斗星的斗柄指向正东、正南、正西、正北时，则分别标志着春夏秋冬的开始。而午夜子时，当北斗星的斗柄指向正东、正南、正西、正北时，则分别是春分、夏至、秋分和冬至4个节气。

古人的观察非常细致。《古诗十九首》中"玉衡指孟冬，众星何历历"，所描写的正是"斗柄北指，天下皆冬"的情景。杜甫的《赠王二十四侍郎契》中"一别星桥夜，三移斗柄春"，说的则是斗柄3次东指，已经过了3年了。

北斗四季旋转不停，整夜旋转不停，因而格外容易成为诗人歌咏的对象。唐代诗人李白《长门怨》写道："天回北斗挂西楼，金屋无人萤火流。月光欲到长门殿，别作深宫一段愁。"与"长河渐落"的即

> **左思**（约250—305），西晋著名文学家，其《三都赋》颇被当时称颂，造成"洛阳纸贵"。左思自幼其貌不扬却才华出众。晋武帝时，因妹左棻被选入宫，举家迁居洛阳，任秘书郎。晋惠帝时，依附权贵贾谧，为文人集团"二十四友"的重要成员。

古人记载天文知识的骨片

■ 古代浑天合七政仪模型

将破晓的天象不同,"北斗挂西楼"则是夏季深夜的情景。

月亮是古今诗人最喜欢写到的景物之一,然而"月有阴晴圆缺",不同诗人在不同时候写下的月亮也是不同的,因而很有辨析的必要。

白居易的"可怜九月初三夜,露似珍珠月似弓"写的是新月,农历月初的黄昏出现于西方的天空,两只尖角朝向斜上方。

唐代诗人张继的"月落乌啼霜满天"写的是上弦月,是新月越来越满,变成半个月亮的样子,其中的直线位于偏上方。

上弦月再发展下去就是满月,就是唐代诗人张九龄的"海上生明月,天涯共此时",以及苏轼的"明月几时有,把酒问青天"所描写的样子。

圆月渐缺,就变成了直线偏下弦月和两只尖角朝向斜下方的残月,也就是唐代诗人李贺的"晓月当帘挂玉弓"和柳永的"杨柳岸,晓风残月"所写的即是残月。

二十八宿是古代我国人对黄道附近的群星的划分。地球绕太阳运行的轨道就是黄道,可是在古人看来,明明是太阳在绕着大地旋转,因此名为"黄道"。我们称之为"二十八宿"。

张九龄(678—740),唐开元尚书丞相,诗人。诗风清淡。他是一位有胆识、有远见的著名政治家、文学家、诗人、名相。他忠心耿耿,为"开元之治"作出了积极贡献。他的五言古诗,对扫除唐代初所沿袭的六朝绮靡诗风贡献尤大。誉为"岭南第一人"。

二十八宿因为在我国民间有着广泛基础，而屡屡被诗人写到，上面所罗列的《诗经》中提到的就包括心宿、参宿、毕宿、斗宿、箕宿等。

唐代诗人王勃的《滕王阁序》中写道："豫章故郡，洪都新府。星分翼轸，地接衡庐。"滕王阁所在的南昌，所对应天上的星宿是翼宿和轸宿，因而是"星分翼轸"。

宋代诗人黄庭坚写有一首名为《二十八宿歌赠别无咎》的送别诗，其中囊括了全部的二十八宿。

天空上的星斗以年为周期流转变化，而月亮则是一个月运行一个周期，所以在古人看来，星斗的变动较少，仿佛月亮在各个星宿中穿行一样。

宋代文学家苏轼的《前赤壁赋》有这么一段："壬戌之秋，七月既望。苏子与客泛舟游于赤壁之下……少焉，月出于东山之上，徘徊于斗牛之间。"

> 王勃（649年或650—676或675），唐代诗人。王勃也与杨炯、卢照邻、骆宾王齐名，并称"初唐四杰"，其中王勃是"初唐四杰"之首。代表作品有《滕王阁序》和《送杜少府之任蜀州》等。

■ 古代天文仪器——地平式日晷

■ 古人夜观星象图

写的就是月亮仿佛在斗宿和牛宿之间徘徊。

要说最有名的星斗,当属北极星了,因为北极星是天上众星旋转所围绕的中心点。

孔子说:"为政以德,譬如北辰,居其所而众星共之。"《滕王阁序》写道:"地势极而南溟深,天柱高而北辰远。"杜甫《登楼》写道:"北极朝廷终不改,西山寇盗莫相侵。"都足以说明北极星在古人心目中的地位。

地球绕地轴自转,地轴呈一个斜角直指北天极,由于地轴存在微小的偏振,所以北极星并不是一直不变的,而是由地轴所指向的那一小片区域里的群星轮流担任的。

现在的北极星是小熊座的 α 星,据测算,1.4万年以后,织女星距北天极最近,那时的北极星将会是织女星。

《诗经·小雅·大东》中记载:"东有启明,西有长庚。"意思是东方有一颗亮星叫"启明星",西方有一颗亮星叫"长庚星",而在很早的时候,人们就知道这两颗星其实是一颗。

《韩诗外传》解释:"太白晨出东方为启明,昏见西方为长庚。"太白也就是金星,金星是天空中除

太白金星 又称"白帝子",是天边启明星的神格化人物。为道教神,据《七曜禳灾法》描述最初的形象是穿着黄色裙子,戴着鸡冠,演奏琵琶的女性神,明以后形象变化为老迈年长的白须老者,手中持一柄光净柔软的拂尘,入道修远神格清高,时常出现在一些有影响的古典小说中,最著名的是《西游记》。

了太阳和月亮之外最亮的天体,在黎明的时候出现在东方,在黄昏的时候便出现在西方。

黎明和黄昏,正是日月隐去众星未显之时,天空只有一颗闪耀如钻石的金星。

李白的诗歌中有"孤月沧浪河汉清,北斗错落长庚明"之句,据说李白的母亲怀孕时梦见太白星入怀,所以他的父亲为他取名"李白",字太白,因此李白对太白星有着特殊的感情。

他描写太白金星道:"太白何苍苍,星辰上森列。去天三百里,邈尔与世绝。"这颗孤傲的亮星同时也是他自己。

在另一首《登太白峰》中,李白写道:

西上太白峰,夕阳穷登攀。
太白与我语,为我开天关。

一首诗中出现了太白峰、太白星和李太白3个太白,妙趣横生。金星是行星,而天空中除了太阳之外最亮的恒星则是天狼星。

苏轼的词《江城子·密州出猎》中写道:"会挽雕弓如满月,西北

古代星象仪器——方正案

■星图节气钟

望,射天狼。"

天狼星位于大犬座,通常和猎户座一起出现,位于猎户座的左下方。在西方的天文神话中,看上去就像猎户带着猎犬,壁垒森严地准备与迎面而来的金牛作战。

在我国古代的天文思想中,天狼星是代表侵略和战争的一颗星星,在苏轼的词中,它代表着刚刚与北宋王朝发生过战争的西夏,所以"西北望,射天狼"句,表达了诗人希望粉碎外来侵略的良好愿望。

总之,古诗文中提到的日月星辰,具有天文和文学双重含义。从天文学的角度讲,当代学者在进行"夏商周断代工程"时,许多年份的考订都经过了都借助了古籍中对天文现象的记载。

而根据现代发达的科技水平,我们可以推知几千年前或几千年后

阅读链接

传说天上的牛郎星和织女星原是一对夫妻,但只能每年七夕相聚一次。

很久以前,牛郎与老牛相依为命。一天,老牛让牛郎去树林边,之后会看到一位美丽的姑娘织女和他结为夫妻。事情和老牛说的一样,牛郎与织女过上了幸福的日子。

织女原来是天上的织女星下凡,正在她享受幸福生活时,却被天神抓走了,牛郎带着儿女披着牛皮追去。这时,王母拿下簪子划了条天河,他们被隔开了。他们互相挣扎着,王母最后就让他们每年见一次,就形成了现在的"七夕"。

显示群星的星表星图

我国古代取得了大量天体测量成果,为后人留下了很多珍贵的星图、星表。

星表是把测量出的恒星的坐标加以汇编而成的。

星图是天文学家观测星辰的形象记录,它真实地反映了一定时期内,天文学家在天体测量方面所取得的成果。此外,它还是天文工作者认星和测星的重要工具,其作用犹如地理学中的地图。

■ 古人观测绘制星图

我国星表的测绘起源较早。

战国时代，魏人石申编写了《天文》一书共 8 卷，后人称之为《石氏星经》。

■ 古籍上的天文知识记载

虽然它至宋代以后失传了，但我们今天仍然能从唐代的天文著作《开元占经》中见到它的一些片断，并从中可以整理出一份石氏星表来，其中有二十八宿距星和115颗恒星的赤道坐标位置。这是世界上最古老的星表之一。

考古工作者于1977年在安徽省阜阳发掘了一个西汉早期墓葬，出土了一件二十八宿圆盘，上面刻有二十八宿距度。这些距度数据与《开元占经》所引的"古度"相同。

此外，从湖南省长沙马王堆汉墓出土的《五星占》，记载了公元前3世纪的行星运行资料，表明那时已有测角工具，在石氏的时代有可能对恒星做出了坐标位置的测量。

宋代观测星表资料保存在北宋政治家王安石的《灵台秘苑》和宋元之际历史学家马端临的《文献通考·象纬考》中，两书中记载的星表有星360颗，现代星名证认的是345颗。这份星表的精度大约半度，测定年代为1052年。

元代天文学家郭守敬等人也曾完成过星表的测制，保存在明代《三垣列舍入宿去极集》中。

石申 是战国时代魏国天文学家、占星学家，是名字在月球背面的环形山被命名的中国人之一。著有《天文》《浑天图》等，西汉以后《天文》被尊为《石氏星经》。《甘石星经》在我国和世界天文学史上都占有重要地位。

这是一部星图和星表合为一体的著作，在星图上某星旁边注明该星的入宿度和去极度，总计有星官267座，1375星，给出坐标的星739颗，所以这既是一个全天星图，又是一份全天星表。

明代朝廷曾命译西域天文书4卷，保存在《明译天文书》中。书中首次介绍了星等的概念，这是西方从托勒密以来就一直流传的观点。

《明译天文书》中有30颗星的星等和黄经值，是波斯天文学家阔识牙尔原作。明代的另一份星表在明代天文学家贝琳所著的《七政推步》一书中，这是一本介绍阿拉伯天文学的书，写成于1477年。

其中的星表有星277颗，给出星等和黄经、黄纬，并且首次做了中西星名对照，这对我国后世学习欧洲天文知识很有帮助。该星表的数据可能是元代上都天文台的阿拉伯学者所测。

除了全天星表之外，二十八宿星表是我国天文史上较丰富的一个内容，它包括二十八宿的距星数据，主要是距度和去极度。距度是距星之间的赤经差，去极度是赤纬的余角。

由于岁差的关系，北天极的位置经常变化，赤经的起算点、春分点在恒星间的位置也经常变化，因此，不同时代各距星的坐标不同，距度和去极度也不同。

> **星等** 恒星和其他天体的亮度的一种量度。在不明确说明的情况下，星等一般指目视星等。为了衡量星星的明暗程度，天文学家创造出了星等这个概念。星等值越小，星星就越亮；星等的数值越大，它的光就越暗。

■ 郭守敬雕像

■ 清代地球仪

但各个时代的测量值逐渐趋于精准，显示了我国古代恒星位置观测精度的不断提高。比如宋代天文学家、历法家姚舜辅为了编纂《纪元历》，于崇宁年间进行了一次观测，这次观测的精度非常高，其测量误差只有0.15度，二十八宿距度被再次更新。

再如，元代郭守敬的观测精度较姚舜辅又提高了一步，二十八宿距度的平均测量误差小于0.1度。与郭守敬同时代的赵友钦创造了恒星观测的新方法，即利用上中天的时间差来求恒星的赤经差，与现代的子午观测原理完全一致。

其实，不管是二十八宿距度的变化，还是北极星的偏极，都是岁差造成的。显然古代天文学家已发现这种现象，而且不厌其烦地修正、观测、再修正。

地有地图，天有星图。星图表示了恒星的分布和排列图形，为了表示恒星的位置，又画有一些标志性的线圈，如黄赤道、恒星圈之类，这类似地图上的经纬线。

我国古代的星图是重要的天文资料，尤其是全天星图，在世界上也不多见。

我国古星图可分两类，一类是示意性的，用于装饰，常见于建筑物上和墓葬中，这类星图准确性不

姚舜辅 天文学家，历法家。1104年编造了法历《占天历》。1106年编造完成了《纪元历》。他首创利用观测金星来定位太阳位置的方法，并首次明确提出恒星的距度始终在变化，说明各个时代的"天道"并不相同。

高,或只有局部天区;另一类是科学性的,描述恒星排列位置,记载天象观测,位置准确程度较高,星数较多,为便于表现,又有盖图式、横图式、半球式、分月式多种。

示意性星图随着出土文物可以不断收集到。

如东汉画像上的织女星图,五代钱元瓘墓石刻星图,唐代铸造的四象二十八宿铜镜,辽代墓葬彩色星象画等。其中的辽代墓葬彩色星象画颇有价值,可帮助我们了解古代人们认识星空时的形象。

1971年在河北省宣化辽代墓葬中发现一幅彩色星象画,中央嵌一铜镜,四周有莲花花瓣形状的图案。外面是北斗七星,东方绘一太阳,又黑白相间地绘有8个圆圈,表示月亮、五行星、计都和罗睺等,连太阳一共是九曜。

再向外是二十八宿星象,均有细线相连结成图形;最外面又有12个圆圈,内画黄道十二宫的图形。其图像和名称均是中西合流的,对研究我国历史上中外天文学交流很有价值。

科学性星图一般为天文学家所使用,它们的绘制有一定的观测依据,因此准确性较高。

在星图发展史上,总结甘石巫三家星的吴国太史令陈卓有重

> **九曜** 是指北斗七星及辅佐二星。也称"九执",指梵历中的9颗星。在道教语中是"日"的别称。在北方民间指太阳、太阴、金、木、水、火、土及计都和罗睺等9位星君,他们主宰人间的吉凶祸福。

■ 唐代的二十八宿铜镜

要的贡献,他总结了三家星,得到283官、1464星的数字,并绘有全天星图。

虽然这幅星图没有流传下来,但它对后代星图影响很大,从后代的星图中我们可以探索到它的形状。

东汉文学家蔡邕的《月令章句》中记叙了汉代星图的大致结构,根据书中文字可复原当时的天文星图。该星图是圆形的,以北天极为中心,向外3层红色同心圆分别为内规、赤道和外规。

■ 古代星系运行图

内规相当于北纬55度的赤纬圈,表示内规以内的天区,总在地平线以上,全年都可看到;外规相当于南纬55度的赤纬圈,表示外规以外的天区,总在地平线以下,全年看不到。

从内规与外规的度数分析来看,此星图曾用于中原地区。

在星图的绘制方法上,天球是三维体,我国古代还没有掌握把它投影到三维平面上的技术。在蔡邕记叙的汉代星图中,与北天极不等距的黄道应该是一个椭圆形,却被画成正圆形。

在绘有赤道以南星象的圆形星图中,这种变形更为明显。

大约在隋代,出现了一种用直角坐标投影的长条

陈卓 三国时吴国天文学家。陈卓一生中最重要的工作是综合甘、石、巫咸三家源于战国或秦汉的天文学派所定的星官,将其构成了一个有283官、1464颗恒星的相对完整的全天星官系统。陈卓所总结的全天星官名数一直是后世制作星图、浑象的标准。

星图，称为"横图"。在横图上，虽然赤道附近的星象接近真实，但天极周围的星象又发生歪曲。

解决这个问题的最好办法就是分别进行绘制，也就是用横图表现赤道附近的星象，用圆图表现天极附近的星象。

宋代天文学家苏颂所绘的一套星图，正是采用这种手法的代表作。

苏颂的《新仪象法要》有星图两种5幅，四时昏晓中星图9种。其中所标二十八宿距度值，与他在元丰年间的观测记录相同，说明此星图是他根据实际观测绘制的。

这些结构图是我国现存最古的机械图纸。它采用透视和示意的画法，并标注名称来描绘机件。通过复原研究，证明这些图的一点一线都有根据，与书中所记尺寸数字准确相符。

> **元丰**（1078—1085），是宋神宗赵顼的一个年号。赵顼是北宋第六位皇帝。他即位后即命王安石推行变法，以期振兴北宋王朝，史称"王安石变法"。先后推出均输法、青苗法、农田水利法、免役法、市易法和方田均税法等重大改革举措，涉及政治、经济、军事、社会等诸多领域，影响之大、之广前所未有。

■ 汉代星图

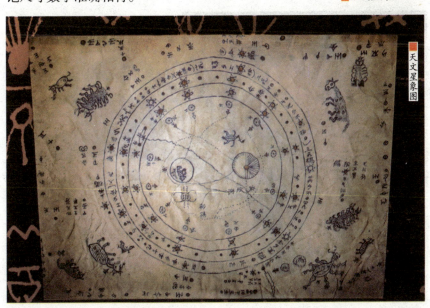
天文星象图

黄裳（1146年—约1194年），字文叔，号兼山，四川隆庆府普城人。他曾辅佐过孝宗、光宗、宁宗三朝皇帝，先后任国子博士、中书舍人、侍讲、礼部尚书等职。南宋时期的制图学家。他精通天文、地理和制图，并且绘成《苏州石刻天文图》和《苏州石刻地理图》两幅图，具有很高的科学价值。

现存于江苏省苏州博物馆内的苏州石刻天文图，是世界现存最古老的石刻星图之一。

此图是采用了北宋元丰年间全天恒星观测数据，1190年由南宋制图学家黄裳绘制并献给南宋嘉王赵扩，在1247年由宋代地方官王致远主持刻在石碑上。

这幅石刻星图采用盖图式样，上有黄赤道，内外规和银河，又有二十八宿的分界经线，外围还刻有周天度和分野及二十八宿距度。图高约2.45米，宽约1.17米，图上共有星1434颗，位置准确。

全图银河清晰，河汉分叉，刻画细致，引人入胜，在一定程度上反映了当时天文学的发展水平。今人从该星图的研究中得到了不少历史信息，为现代天文学研究提供了帮助。

我国古星图发展至宋代可算达到高潮，而苏州石刻星图的形式在清代末期还在继续发挥影响。

清代星图多受西方天文学知识的影响，往往在传统的盖图式样上附有星等标即用来描述天体明亮程度的尺标、星气即星际的气体等符号。

同时，清代的星图，把天区扩展到南极附近，另外新设23个星官、130颗星。新增加的星中，绝大部分在我国看不到，是根

■ 清代月晷

据西方星表补充进来的。

在内蒙古自治区呼和浩特市五塔寺的塔身上嵌有一幅石刻古星图,用蒙文说明。这份石刻蒙文星图在国内还是首见,其形式仍为盖图式样,有星1400余颗,据考证是清代初期绘制,乾隆年间刻石砌在塔身上的。

清代星盘

在杭州玉皇顶上还有一圆形石刻星图,为清代晚期所刻。这是传统的盖图式样,也没有采用西方天文学知识,直径约1米,无疑是我国古老星图的传流刻本。

我国古代的这些星表星图,为人类认识宇宙奠定了坚实的基础,充分说明了我国古代人民在天文学研究方面的卓越成就。

阅读链接

南宋制图学家黄裳,曾经精心绘制8幅图呈送皇帝观看。这8幅图是:太极图、三才本性图、皇帝王伯学术图、九流学术图、天文图、地理图、帝王绍运图、百官图。现存只有天文图、地理图和帝王绍运图,这3幅图现存于苏州碑刻博物馆。

天文图、地理图是当今世界天文学和地理学的奇珍,已载入人类科学史册。尤其珍贵的是天文图,是世界上现存星数最多的古代星图,其星多达1440颗。

黄裳不愧为我国历史上一位伟大的科学家。

中华三垣四象二十八宿

■ 星宿人物雕刻

星空的含义不是星空自给的，而是人类社会的产物。我国古代就有自己一套独具特色的星座体系，而且这个体系是把我国古代社会和文化搬到了天上而建立起来的。

三垣四象二十八宿，是我国特有的天空分划体系，历来为研究者重视。人们研究它的目的是探求除了作为天空分划之外的更深层的天文学含义。

我国古人很早就把星空分为若干个区域。西汉时期，司马迁所著《史记》里的"天官书"中，就把星空分为中宫、东宫、西宫、南宫、北宫5个天区。隋代以后，星空的区域划分基本固定，这就是在我国人们常说的三垣四象二十八宿。

■ 二十八星宿图

三垣，即紫微垣、天市垣和太微垣，它是我国古代划分星空的星官之一，与黄道带上之二十八宿合称"三垣二十八宿"。

三垣的每垣都是一个比较大的天区，内含若干星官或称为"星座"。各垣都有东、西两藩的星，左右环列，其形如墙垣，称为"垣"。

紫微垣包括北天极附近的天区，大体相当于拱极星区。紫微垣是三垣的中垣，居于北天中央，所以又称"中宫"，或"紫微宫"。紫微宫即皇宫的意思，各星多数以紫微垣附近星区官名命名。

紫微垣名称最早见于《开元占经》辑录的《石氏星经》中。

它以北极为中枢，东、西两藩共15颗星。两弓相合，环抱成垣。整个紫微垣据宋皇佑年间的观测记录，共37个星座，正星163颗，增星181颗。

黄道带 是指天球上黄道南北两边各9度宽的环形区域，因为这环形区域涵盖了太阳系八大行星、月球、太阳与多数小行星所经过的区域。此外，在黄道两边的一条带上分布着白羊座、金牛座、双子座等12个星座。地球上的人在一年内能够先后看到它们。

1. 中国古代的四象二十八宿天文图
2. 诗歌体载的天文著作《步天歌》

■ 天文图与天文著作《步天歌》

太微垣是三垣的上垣，位居于紫微垣之下的东北方。在北斗之南，轸宿和翼宿之北，呈屏藩形状。

太微垣名称始见于唐代初期的《玄象诗》。太微即朝廷的意思，星名也多用官名命名，例如，左执法名为廷尉，右执法名为御史大夫等等。

太微垣约占天区63度范围，以五帝座为中枢，共20个星座，正星78颗，增星100颗。它包含室女、后发、狮子等星座的一部分。

天市垣是三垣的下垣，位居紫微垣之下的东南方向。在房宿和心宿的东北方，并且以帝座为中枢，呈屏藩形状。

天市即"集贸市场"，《晋书·天文志》记载："天子率诸侯幸都市也。"故星名多用货物、星具，经营内容的市场命名。

天市垣约占天空的57度范围，包含19个星官或星座，正星87颗，增星173颗。它以帝座为中枢，呈屏

天区 是天文学上为了识别方便，根据恒星的方位，划分恒星天区，简称天区或星区。比如传统意义上的星座就是星区。现代天文学把全天划分成88个星区，叫"星座"。全天可见的天区实际是球形的，星座从一定的方向划过的角度就是几度星区。

藩之状。

古人把东、北、西、南四方每一方的七宿想象为4种动物形象，叫作"四象"。在二十八宿中，四象用来划分天上的星星，也称"四神""四灵"。

在我国传统文化中，青龙、白虎、朱雀、玄武是四象的代表物。青龙代表木，白虎代表风，朱雀代表火，玄武代表水。

东方七宿，如同飞舞在春天初夏夜空的巨龙，故而称为"东宫苍龙"；南方七宿，像一只展翅飞翔的朱雀，出现在寒冬早春的夜空，故而称为"南宫朱雀"；西方七宿，犹如猛虎跃出深秋初冬的夜空，故而称为"西宫白虎"；北方七宿，似蛇、龟出现在夏天秋初夜空，故称为"北宫玄武"。

四象的出现比较早，《尚书·尧典》中已有雏形。春秋战国时期五行说兴起，以五行配五色、五方，对天空也出现了五宫说。

《史记·天官书》中就是将全天分成5宫，东西南北4宫外有中宫，中宫以北斗为主，认为"斗为帝车，运于中央，临制四乡。分阴阳、建四时、均五行、移节度、定诸纪，皆系于斗"。

与三垣和四象相

五行说 是我国古代人民创造的一种哲学思想，以金、木、水、火、土5种物质，作为构成宇宙万物及各种自然现象变化的基础。这些物质各有不同属性，如木的生长，火的向上，土的存实，金的收敛，水的滋润。五行说把自然界一切事物的性质、类别纳入五大类范畴。

■ 星图盘上的四象雕塑

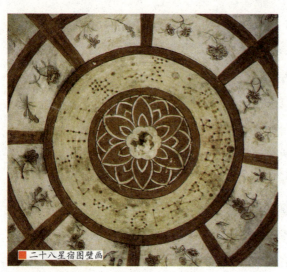
二十八星宿图壁画

比，二十八宿的问题复杂得多。它是古人为观测日、月、五星运行而划分的28个星区，用来说明日、月、五星运行所到的位置。每宿包含若干颗恒星。是我国传统文化中的主题之一，广泛应用于古代天文、宗教、文学及星占、星命、风水、择吉等术数中。不同的领域赋予了它不同的内涵，相关内容非常庞杂。

古代观测二十八宿出没的方法常见的有4种：一是在黄昏日落后的夜幕初降之时，观测东方地平线上升起的星宿，称为"昏见"；二是此时观测南中天上的星宿，称为"昏中"；三是在黎明前夜幕将落之时，观测东方地平线上升起的星宿，称为"晨见"或"朝觌"；四是在此时观测南中天上的星宿，称为"旦中"。

古时人们为了方便于观测日、月和金、木、水、火、土五大行星的运转，便将黄、赤道附近的星座选出28个作为标志，合称"二十八星座"或"二十八星宿"。

角、亢、氐、房、心、尾、箕，这7个星宿组成一个龙的形象，春分时节在东部的天空，故称"东方青龙七宿"；

斗、牛、女、虚、危、室、壁，这7个星宿形成一组龟蛇互缠的形象，春分时节在北部的天空，故称"北方玄武七宿"；

奎、娄、胃、昴、毕、觜、参，这7星宿形成一个虎的形象，春分时节在西部的天空，故称"西方白虎七宿"；

井、鬼、柳、星、张、翼、轸，这7个星宿又形成一个鸟的形象，春分时节在南部天空，故称"南方朱雀七宿"。

由以上七宿组成的4个动物的形象，合称为"四象""四维""四兽"。古代人们用这四象和二十八星宿中每象每宿的出没和到达中天的时刻来判定季节。

古人面向南方看方向节气，所以才有左东方青龙、右西方白虎、后北方玄武、前南方朱雀的说法。

在东方七宿中，角就是龙角。角宿属于室女座，其中较亮的角宿一和角宿二，分别是一等和三等星。黄道就在这两颗星之间穿过，因此日月和行星常会在这两颗星附近经过。古籍上称角二星为天关或天门，也是这个原因。

亢，就是龙的咽喉。亢宿也属于室女座，但较角宿小，其中的星也较暗弱，多为四等以下。

氐，就是为龙的前足。氐宿属于天秤座，包括氐宿三、氐宿四、氐宿一，它们都是二三等的较亮星，这3颗星构成了一个等腰三角形，顶点的氐宿四在黄道上。

二十八星宿图

房，就是胸房。房宿属于天蝎座，房四星是蝎子的头，它们都是二三等的较亮星。

心，就是龙心。心星，即著名的心宿二，古代称之为"火""大火"或"商星"。它是一颗红巨星，呈红色，是一等星。心宿也属于天蝎座，心宿三星组成了蝎子的躯干。

尾，就是龙尾。尾宿也属于天蝎座，正是蝎子的尾巴，由八九颗较亮的星组成。

箕，顾名思义，其形像簸箕。箕宿属于人马座，箕宿四星组成一个四边形，形状有如簸箕。

北方七宿共56个星座，800余颗星，它们组成了蛇与龟的形象，故称为"玄武"。

斗宿为北方玄武元龟之首，由6颗星组成，形状如斗，一般称其为"南斗"，它与北斗一起掌管着生死大权，又称为"天庙"。

牛宿六星，形状如牛角。女宿四星，形状也像簸箕。

虚宿主星即《尚书·尧典》中四星之一的虚星，又名"天节"，颇有不祥之意，远古虚星主秋，含有肃杀之象，万物枯落，委实可悲。

危宿内有坟墓星座、虚梁星座、盖屋星座，也不吉祥，反映了古

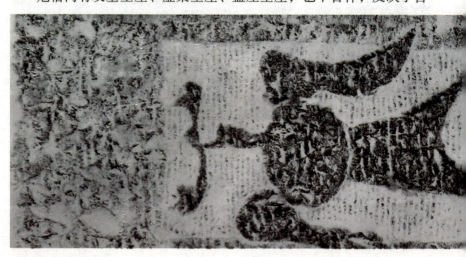

人在深秋临冬之季节的内心不安。

室宿又名"玄宫""清庙""玄冥",它的出现告诉人们要加固屋室,以过严冬。

壁宿与室宿相类,可能含有加固院墙之意。

西方七宿共有54个星座,700余颗星,它们组成了白虎图案。

奎宿由16颗不太亮的星组成,形状如鞋底,它算是白虎之神的尾巴。娄宿三星,附近有左更、右更、天仓、天大将军等星座。胃宿三星紧靠在一起,附近有天廪、天船、积尸、积水等星座。

昴宿即著名的昴星团,有关它的神话传说特别多,昴宿内有卷舌、天谗之星,似乎是祸从口出的意思。毕宿八星,形状如叉爪,毕星又号称"雨师",又名"屏翳""玄冥",我国以毕宿为雨星。

觜宿三星几乎完全靠在一起,恰如"樱桃小口一点点"。

参宿七星,中间3星排成一排,两侧各有两颗

玄武 是一种由龟和蛇组合成的一种灵物。玄武的本意就是玄冥,武、冥古音是相通的。玄,是黑的意思;冥,就是阴的意思。玄冥起初是对龟卜的形容:龟背是黑色的,龟卜就是请龟到冥间去询问祖先,将答案带回来,以卜兆的形式显给世人。因此,最早的玄武是乌龟。

■ 汉代日月星宿画像

龙凤星宿画像砖

星，7颗星均很亮，在天空中非常显眼，它与大火星正好相对。

南方七宿计有42个星座，500多颗星，它的形象是一只展翅飞翔的朱雀。

井宿八星如井，西方称为"双子"，附近有北河、南河、积水、水府等星座。

鬼宿四星，据说一管积聚马匹、一管积聚兵士、一管积聚布帛、一管积聚金玉，附近还有天狗、天社、外厨等星座。

柳宿八星，状如垂柳，它是朱雀的口。星宿七星，是朱雀的颈，附近是轩辕十七星。张宿六星为朱雀的嗉子，附近有天庙十四星。翼宿二十二星，算是朱雀的翅膀和尾巴。

轸宿四星又名"天车"，四星居中，旁有左辖、右辖两星，古籍称之为"车之象也"。

中华三垣四象二十八宿在天文史上名称的形成及其含义，体现了我国传统文化的丰富内涵，会给人以不少启发。我国古人相信天人之际能够相互感应，天上发生某种天象，总昭示人间某时某地要发生某件事情，所以对恒星的命名对应着人间的万事万物。

阅读链接

在古代，确实能看到7颗星，就好似7位仙女，身着蓝白色纱衣在云中漫步和舞蹈。后来不知道在哪一年，有一颗星突然暗了下去，不能见到了。

于是，人间在诧异的同时，开始流传这么一个故事，这就是"七小妹下嫁"的美丽传说。黄梅戏《天仙配》说的就是她们的故事。

独具特色的古代天文机构

在我国古代，天文机构受到很大的重视，作为历代朝廷机构，与国运的兴衰、朝代的更迭共呼吸。古代天文机构包括设置的天文、历法、漏刻等分职机构，其主要负责观象、制历、报时等方面的事务。

历代天文机构负责观察天文天象的部门与制历、报时等部门相比地位尤为特殊，它不仅与参验历法的推算结果有关，具有重要的科学功能，而且与占验人事的吉凶祸福有关，具有重要的社会功能。

古天文台遗址

■ 古代的天球仪

我国古代天文机构的工作，首先是天象的观测记录，内容有恒星位置的测定，并编制成星表或绘制为星图，日月食和掩星观测，行星在恒星背景下的视运动状况，异常天象的观测记录，包括彗星、新星、流星、太阳黑子等，对其中的某些天象有选择地向皇帝汇报。

其次是观天仪器的研制和管理。还有就是修订历法，编算历书历谱并印制颁发。

我国历代的天文机构都有一定规模，机构官员众多，但分工一般都很细密。早在《周礼·春官·宗伯》所记载各种职官中，就有6种与天文学有关。

比如掌建邦之天神、人鬼、地示之礼的"大宗伯"；以日月星辰占梦之吉凶的"占梦"；掌天文历法的"大史"；掌观察星辰日月变动、辨明测知天下吉祸福的"保章氏"等。

各天文官的级别、僚属等，均有明确规定。其中"大宗伯"级别高，职掌范围较大，天文事务是其管辖的一部分。

从魏晋时起，大史改为"太史"，成为朝廷天文机构的专职负责人，而相当于《周礼》中"保章氏"的职官，则成为太史的下属官员。太史所领导的天

掩星 一种天文现象，指一个天体在另一个天体与观测者之间通过而产生的遮蔽现象。一般而言，掩蔽者较被掩者的视面积要大。若相反者则称为"凌"，如金星凌日，"凌"有以小欺大的意思。有天文爱好者认为日食也是月掩星的一种。

文机构,其名称屡有变动,如太史监、太史局、司天台等,至明清时期,乃定名"钦天监"。

太史令的品级一般在三五级之间,然而因为他是天意的解释者和传达者,故在某些重要关头,太史令之言,可能比一品大员的话更有分量。

此后,一些著名天文学家深得帝王宠信,他们另任高官,并不担任天文机构中的官职,但是他们在天文事务中的发言权,有时远胜过太史令。

明末清初,西学东渐,西方传教士利用科学新法在预报日月食上较我国古法准确,逐渐被朝廷重视。而由当时的观象台工作人员编制的《灵台仪象志》,对我国天文界继续接受西方近代天文学知识,转变到新的天文学道路上来有其积极意义。

明清两代的皇家天文台,就是现在的北京古观象台,担负着观测天象、编算历书的重任。在我国封建社会里,颁历和解释天象乃是皇

古代的天球仪

康熙帝（1654—1722），全名爱新觉罗·玄烨。满族。清代第四位皇帝，清朝定都北京后第二位皇帝，谥号"合天弘运文武睿哲恭俭宽裕孝敬诚信功德大成仁皇帝"，庙号圣祖。他是我国统一的多民族国家的捍卫者，奠定了清朝兴盛的根基，开创出"康乾盛世"的大好局面。

权的象征，所以司天重地是一般人不能擅入的禁苑。

北京古观象台最早可上溯至700多年前的金代。金灭宋以后，建都北京，称为"中都"，城址在现广安门一带。此后，历经元代和明代。

清代，对观象台上的仪器进行了彻底的改造，所有仪器都在康熙年间撤下，换成受西方天文学影响的8件天文仪器。这是当时天文学领域西学东渐之风的体现。

康熙帝命比利时传教士南怀仁负责"治理历法"，推算1670年历书。南怀仁提出应制造新式天文仪器。8件仪器中的6件仪器是由南怀仁主持铸造的。

新式天文仪器铸成之后，为了说明新仪的结构、原理、安装和使用方法，南怀仁编撰了《灵台仪象志》一书，于1674年1月29日奏报清朝朝廷。

■ 南怀仁画像及各种观测仪器

《灵台仪象志》详述6件仪器的结构、用途、使用方法，刻度游标使读数精度提高的原理。阐述了用不同坐标体系的仪器测量同一天体坐标互为吻合的道理。

力学和运动学方面主要有杠杆及材料断裂问题，物质的密度，物体之重心，滑轮省力，螺旋的作用，垂线球仪即单摆的知识，单摆的等时性，周期与振幅无关、周期平方同摆线长度成正比，作为单摆计时的例子，介绍自由落体的行程与时间平方成正比。

光学方面有颜色的合成，日光通过三棱玻璃被分解成各色光，光线在不同介质分界面上的折射，给出入射角与折射角的对应表。

书中介绍的光学知识主要为折射现象，这一现象在汤若望的《远镜说》里已有介绍，南怀仁进一步给出了不同介质分界面上入射角与折射角的对应表，这是认识折射规律的重要步骤。

地学方面主要有测地半径法。测某地南北线的方法，罗经偏角，长距离水平测量要考虑地球曲率；测云高法，气、水、火、土四元素说；温度计和湿度计的原理及结构，地面上经纬度差与距离的换算表，不同纬圈上1度与赤道1度长的比例表，度、分、秒与里的换算表等。

其中表格部分主要是1800多个恒星的黄道和赤道经纬度表，黄赤二道坐标换算表，赤道地平二坐标换算表等。

插图部分共117幅，是制造新仪和讲述上面知识时所用的插图，为便于理解文意而作，是颇有价值的一部分。

清初新制6件仪器打破了我国古典仪器环圈叠

■ 古代的观象仪

介质 一种物质存在于另一种物质内部时，后者是前者的介质。某些波状运动，如声波、光波中，则称传播的物质为这些波状运动的介质。也叫"媒质"。介质分为光介质、电介质、机械波介质等，此外，介质也存在于物理定义之外，例如，语言、文字、传播方式等。

古代的观象仪

套、各种坐标共于一仪的传统，既便于观测，也不遮掩天区。刻度装有游标，提高读数精度。这些都比传统的我国古典仪器先进。

《灵台仪象志》还首次向我国介绍了温度计和湿度计的制造原理和方法，其中温度计的知识是17世纪早期的成果，而湿度计的知识要比西方书籍中记述的同类作品为早，这是应予肯定的。

总的看来，《灵台仪象志》在当时的我国出现还是一件有价值的事，它在我国天文学史、天文仪器制造史上都有一定的地位。

书中的科学插图，比北宋的《新仪象法要》要详细丰富。在其他知识方面，也不愧为最早向我国传送西方科学技术知识的书籍之一。

阅读链接

1644年7月，意大利的耶稣会传教士汤若望向清朝朝廷进呈了一架浑天星球仪、一件地平日晷和一台望远镜，还呈递了历书范本一册，有根有据地指出了旧历的七大谬误之处，并准确预测了8月1日的日食。

汤若望所阐述的天文学道理得到了清朝朝廷的认可，朝廷决定采用他新编制的新历，定名为《时究历》，颁行天下。

朝廷还任命他为钦天监监正，这是我国历史上的第一个洋监正，开创了清廷任用耶稣会传教士掌管钦天监的将近200年之久的历史。

天地法则

历法编订

历法是长时间的纪时系统,是对年、月、日、时的安排。我国的农业生产历史悠久,因为农事活动和四季变化密切相关,所以历法最初是由农业生产的需要而创制的。

此外,新历法与新政权有关,按照我国历代传统,改朝换代要改换新历。

研制新历,改革旧历,历来是推动我国古代天文学发展的一个动力。我国古代制定过许多历法,它们除了为现实生活服务外,在天文历法的认知层面也逐步提高,提出了许多很有价值的创建,产生了重要影响。

致用性的古代历法

所谓历法，简单说就是根据天象变化的自然规律，计量较长的时间间隔，判断气候的变化，预示季节来临的法则。

■ 古代历法

我国古代历法的最大特点就是它所具有的致用性，也就是为了满足农业生产的需要和意识形态方面的需要而产生的。它所包含的内容十分丰富，如推算朔望、二十四节气、安置闰月等。

当然，这些内容是随着天文学的发展逐步充实到历法中的，而且经历了一个相当长的历史阶段。

我国古代天文学史，在一定意义上来说，就是一部历法改革史。

根据成书于春秋时期的典籍《尚书·尧典》中记载，帝尧曾组织了一批天文官员到东、南、西、北四方去观测星象，用来编制历法，预报季节。

成书年代不晚于春秋时期的《夏小正》中，按12个月的顺序分别记述了当月星象、气象、物候，以及应该从事的农业和其他活动。

■ 商代甲骨文历法

夏代历法的基本轮廓是，将一年分为12个月，除了2月、11月、12月之外，其余每月均以某些显著星象的昏、旦中天、晨见、夕伏来表示节候。

这虽然不能算是科学的历法，但称它为物候历和天文历的结合体是可以的，或更确切地说，在观象授时方面已经有了一定的经验。

《尚书·尧典》中也记载了古人利用显著星象于黄昏出现在正南天空来预报季节的方法，这就是著名的"四仲中星"。即认识4个时节，对一年的节气进行准确的划分，并将其运用到社会生产当中。

可见，至迟在商末周初人们利用星象预报季节已经有相当把握了。

在干支纪日方面，夏代已经有天干纪日法，即用

物候历 又称"自然历"或"农事历"。即把一地区的自然物候、作物物候、害虫发生期和农事活动的多年观测资料进行整理，并且按出现的日期排列成表。我国是世界上编制和应用物候历最早的国家，3000多年前的《夏小正》即为记载物候、气象、天象、农事、政事的物候历。

甲、乙、丙、丁、戊、己、庚、辛、壬、癸10天干周而复始地纪日。

商代在夏代天干纪日的基础上，发展为干支纪日，即将甲、乙、丙、丁等10天干和子、丑、寅、卯等12地支顺序配对，组成甲子、乙丑、丙寅、丁卯等60干支，60日一周期循环使用。

学者们对商代历法较为一致的看法是：商代使用干支纪日、数字纪月；月有大小之分，大月30日，小月29日；有闰月，也有连大月；闰月置于年终，称为"十三月"；季节和月份有较为固定的关系。

周代在继承和发展商代观象授时成果的基础上，将制定历法的工作推进了一步。周代已经发明了用土圭测日影来确定冬至和夏至等重要节气的方法，这样再加上推算，就可以将回归年的长度定得更准确了。

> **地支** 我国古代的一种文字计序符号，共12个字：子、丑、寅、卯、辰、巳、午、未、申、酉、戌、亥，循环使用。地支是指木星轨道被分成的12个部分。木星的公转周期大约为12年，所以，中国古代用木星来纪年，故而称为"岁星"。后来又将这12个部分命名，这就是"地支"。

地支星宿雕像

周代的天文学家已经掌握了推算日月全朔的方法,并能够定出朔日,这可以从反映周代乃至周代以前资料的《诗经》中得到证实。

该书的《小雅·十月之交》记载:

十月之交,朔月辛卯,日有食之。

■ 古人创制的《四分历》

"朔月"两字在我国典籍中这是首次出现,也是我国第一次明确地记载公元前776年的一次日食。

至春秋末至战国时代,已经定出回归年长为365日,并发现了19年设置7个闰月的方法。在这些成果的基础上,诞生了具有历史意义的科学历法"四分历"。战国时期至汉代初期,普遍实行四分历。

四分历的创制和运用,标志着我国历法已进入相当成熟的时期。它不仅集中体现了我国古人的聪明才智和天文历法水平,而且在世界范围内具有非常宝贵的价值。

对四分历的第一次改革,当属西汉武帝时期由邓平、落下闳等人提出的"八十一分律历"。由于汉武帝下令造新历是在元封七年,也就是公元前104年,故把元封七年改为太初元年,并规定以12月底为太初

日食 日面被月面遮掩而变暗甚至完全消失的现象。在月球运行至太阳与地球之间时,对地球上的部分地区来说,月球位于太阳前方,因此来自太阳的部分或全部光线被挡住,因此看起来好像是太阳的一部分或全部消失了。日食分为日偏食、日全食、日环食。

黄道 地球绕太阳公转的轨道平面与天球相交的大圆。由于地球的公转运动受到其他行星和月球等天体的引力作用，黄道面在空间的位置产生不规则的连续变化。在变化中，瞬时轨道平面总是通过太阳中心。这种变化可用一种很缓慢的长期运动再叠加一些短周期变化来表示。

元年终，以后每年都从孟春正月开始，至12月年终。

这部历即叫《太初历》。这部历法朔望长为29日，故称"八十一分法"，或"八十一分律历"。

《太初历》是我国有完整资料的第一部传世历法，与四分历相比其进步之处有：

以正月为岁首，将我国独创的二十四节气分配于12个月中，并以没有中气的月份为闰月，从而使月份与季节配合得更合理。

行星的会合周期测得较准确，如水星为115.87日，比现在测量值115.88日仅小0.01日。

采用135个月的交食周期，即一食年为346.66日，比今测值只差0.04日。

东汉末年，天文学家刘洪编制的《乾象历》，首次将回归年的尾数降为365.2462日；第一次将月球运行有快、慢变化引入历法，成为第一部载有定朔算法的历法。

这部历法还给出了黄道和白道的交角数值为6°左右，并且由此推断，只有月球距黄、白道交点在15°以内时，才有可能发生日食，这实际上提出了"食限"的概念。

南北朝时期，天文学家祖冲之首次将东晋虞喜发现的岁差引用到他编制的《大明历》

■ 天文学家祖冲之画像

中，并且定出了45年11个月差1度的岁差值。这个数值虽然偏大，但首创之业绩是伟大的。

祖冲之测定的交点月长为27.21223日，与今测值仅差十万分之一。

至隋代，天文学家刘焯在编制《皇极历》时，采用的岁差值较为精确，是75年差1度。刘焯制定的《皇极历》还考虑到太阳和月亮运行的不均匀性，为了推算出朔的准确时刻，他创立了等间距的二次差内插法的公式。

■ 我国古代星象计算工具

这一创造，不仅在古代制历史上有重要意义，在我国数学史上也占重要地位。

唐代值得介绍的历法有《大衍历》和《宣明历》。

唐代天文学家一行在大规模天体测量的基础上，于727年撰成《大衍历》的初稿，一行去世后，由张说和陈玄景等人整理成书。

《大衍历》用定气编制太阳运动表，一行为完成这项计算，发明了不等间二次差内插法。《大衍历》还用了具有正弦函数性质的表格和含有三次差的近似内插法，来处理行星运动的不均性问题。

《大衍历》以其革新号称"唐历之冠"，又以其条理清楚而成为后代历法的典范。

白道 月球绕地球瞬时轨道面与天球相交的大圆。白道与黄道的交角在4.57度至5.19度之间变化，平均值约为5.09度，变化周期约为173天。由于太阳对月球的引力，两个交点的连线沿黄道与月球运行的相反方向向西移动，这种现象称为交点退行。

■ 祖冲之推算历法塑像

王恂（1235年—1281年），字敬甫，中山唐县人，元代数学家、文学家。与郭守敬一道学习数学和天文历法，精通历算之学。在任太史令期间，分掌天文观测和推算方面的工作，遍考历书40余家。在《授时历》的编制工作中，贡献与郭守敬齐名。

唐代司天官徐昂所编制的《宣明历》颁发并实行于822年，是继《大衍历》之后，唐代的又一部优良历法。

它给出的近点月以及交点月日数，分别为27.55455日和27.2122日；它尤以提出日食"三差"，即时差、气差、刻差而著称，这就提高了推算日食的准确度。

宋代在300余年内颁发过18种历法，其中以南宋天文学家杨忠辅编制的《统天历》最优。

《统天历》取回归年长为365.2425日，是当时世界上最精密的数值。《统天历》还指出了回归年的长度在逐渐变化，其数值是古大今小。

宋代最富有革新的历法，莫过于北宋时期著名的科学家沈括提出的"十二气历"。

我国历代颁发的历法，均将12个月分配于春、夏、秋、冬四季，每季3个月，如遇闰月，所含闰月之季即4个月；而天文学上又以立春、立夏、立秋、立冬4个节令，作为春、夏、秋、冬四季的开始。所以，这两者之间的矛盾在历法上难以统一。

针对这一弊端，沈括提出了以"十二气"为一年的历法，后世称它为《十二气历》。它是一种阳历，既与实际星象和季节相合,又能更简便地服务于生产活动之中,可惜,由于传统习惯势力太大而未能颁发实行。

我国古代历法,历经各代制历家的改革,至元代天文学家郭守敬、王恂等人编制的《授时历》达到了高峰。

郭守敬、王恂等人在编制《授时历》过程中,既总结、借鉴了前人的经验,又研制了大批观天仪器。

在此基础上,郭守敬主持并参加了全国规模的天文观测,他在全国建立了27个观测点,在当时叫"四海测验",其分布范围是空前的。这些地点的观测成果为制定优良的《授时历》奠定了基础。

《授时历》创新之处颇多,如废弃了沿用已久的上元积年;取消了用分数表示天文数据尾数的旧方法;创三次差内插法求取太阳每日在黄道上的视运行

> **星象** 是指星体的明、暗及位置等现象。我国在春秋战国时期已经建立了星官体系。至三国时代,出现了283官,1464颗恒星的星表,并绘制成星图。晋、隋、唐继承并加以发展,我国的星区划分体系趋于成熟,此后历代沿用达千年之久,这其中最重要的星官是三垣、二十八宿。

■ 古代节气计算盘

白赤交角 白道面与地球赤道面之间的夹角称为月亮赤纬角。这个交角是变化的,当升交点位于春分点时,白赤交角的极值为最大,而当升交点位于秋分点时,白赤交角的极值可达到最小。最小为18.50度,最大为28.50度。这两个极值的变化周期为18.61年。

■ 郭守敬塑像

速度和月球每日绕地球的运转速度;用类似球面三角的弧矢割圆术,由太阳的黄经求其赤经、赤纬,推算白赤交角等等。

《授时历》于1280年制成,次年正式颁发实行,一直沿用至1644年,长达360多年,足见《授时历》的精密。

崇祯皇帝接受礼部建议,授权徐光启组织历局,修订历法。

徐光启除选用我国制历家之外,还聘用了耶稣会传教士邓玉函、罗雅谷、汤若望等人来历局工作。历经5年的努力,撰成46种137卷的《崇祯历书》。

该历书引进了欧洲天文学知识、计算方法和度量单位等,例如,采用了第谷的宇宙体系和几何学的计算体系;引入了椭球形的地球、地理经度和地理纬度的明确概念;引入了球面和平面的三角学的准确公式;采用欧洲通用的度量单位,分圆周为360度,分一日为96刻,24小时,度、时以下60进位制等。

徐光启的编历,不仅是我国古代制历的一次大改革，也为我国天文学由古代向现代发展，奠定了一定的理论和思想基础。

《崇祯历书》撰完后，清代初期的意大利耶稣会传教士、被雍正朝封为"光禄大夫"的汤若望，将《崇祯历书》删改为103卷，更名为"西洋新法历书"，连同他编撰的新历本一起上呈清朝朝廷，得到颁发实行。

清代初期新历原来定名为"时宪书"。"时宪书"成为了当时钦天监官生学习新法的基本著作和推算民用历书的理论依据，在清代初期前后行用了80余年。

计算天文的角尺

曲尺

角尺

阅读链接

相传，在很久以前，有位名叫万年的青年。有一天，他坐在树荫下休息，地上树影的移动启发了他，他便设计出一个测日影计天时的晷仪。但当天阴时，就会因没有太阳而影响测量。

后来是山崖上的滴泉引起了他的兴趣，他又动手做了一个5层漏壶。天长日久，他发现每隔360多天，天时的长短就会重复一遍。

后来万年费几十年之功为国君创制出了准确的太阳历。国君为纪念万年的功绩，便将太阳历命名为"万年历"，封万年为日月寿星。

完整历法《太初历》

《太初历》是汉代实施的历法。它是我国古代历史上第一部完整统一，而且有明确文字记载的历法，在天文学发展历史上具有划时代的意义。汉成帝末年，由刘歆重编后改称"三统历"。

《太初历》以正月为岁首，以没有中气的月份为闰月，使月份与季节配合得更合理；首次记录了五星运行的周期。它还把二十四节气第一次收入历法，这对于农业生产起了重要的指导作用。

■ 碑刻上的历法

汉代初年沿用秦朝的历法《颛顼历》，以农历的十月为一年之始，随着农业生产的发展，渐觉这种政治年度和人们习惯通用的春夏秋冬不合。

古时改朝换代，新王朝常常重定正朔。

公元前104年，司马迁和太中大夫公孙卿、壶遂等上书，提出废旧历改新的建议。

司马迁提出3点理由：《颛顼历》在当时是进步的，现在却不能满足时代的要求了；《颛顼历》所采用的正朔、服色，不见得对，是不能适应汉代的政治需要的；用《颛顼历》计算出来的朔晦弦望和实际天象许多已不符合了。因此建议改为"正朔"。

在这3条理由中，汉武帝认为第二条理由即政治上的需要是最为重要的。

改历的目的就是借以说明汉王朝的政权是"受命于天"的。汉武帝不是单纯地把它看作科学上的技术问题，而是关系到巩固政权的大事。

司马迁等人的建议，促成了我国历法的大转折。汉武帝征求了御史大夫倪宽的意见之后，诏令司马迁等议造汉历，开始了在全国统一历法的工作。于是，一场专家和人民合作改革历法的行动开始展开。

汉武帝征募民间天文学家20余人参加，包括历官

■ 司马迁塑像

《颛顼历》是秦代在全国颁行的历法。《颛顼历》是一种四分历，相传，古六历是黄帝历、颛顼历、夏历、殷历、周历、鲁历。其中，夏历建寅、殷历建丑、周历建子，根据夏商周秦的顺序，《颛顼历》建亥，亥以十月为岁首，闰月放在九月之后，称"后九月"。一直沿用至汉武帝时。

■ 古代天文计时仪器

> **方士** 即是方术士，或称为"有方之士"，用现在的话说，就是持有方术的人。一般简称为方士或术士，后来则叫"道士"。宋玉《高唐赋》以羡门、高溪、上成、郁林、公乐、聚谷等人为"有方之士"。道士之称始于汉代，东汉以来，始将方士叫作道士。晋代以后，方士之称渐不通行，而道士之称"大著"。

邓平、酒泉郡侯宜君、方士唐都和巴郡的天文学家落下闳等人。

我国古代制历必先测天，坚持历法的优劣需由天文观测来判定的原则。当时人们对于天象观测和天文知识，已经有了很大的进步，这为修改历法创造了良好的条件。

司马迁等人算出，公元前104年农历的十一月初一恰好是甲子日，又恰交冬至节气，是制定新历一个难逢的机会。这种测天制历的做法，对后代历法的制定产生了十分深远的影响。

接着，他们又从制造仪器，进行实测、计算，到审核比较，最后一致认为，在大家准备的18份历法方案中，邓平等人所造的八十一分律历，尤为精密。

在司马迁的推荐下，汉武帝识金明裁，便诏令司马迁用邓平所造八十一分律历，罢去其他与此相疏远的17家。并将元封七年改为太初元年，规定以十二月底为太初元年终，以后每年都从孟春正月开始，至季冬十二月年终。

新历制定后，汉武帝在明堂举行了盛大的颁历典礼，并改年号元封七年，也就是公元前116年为太初元年，故称新历为《太初历》。

《太初历》的颁行实施，既是一件国家大事，也是司马迁人生旅程中值得纪念的一座里程碑。司马迁的贡献是不可磨灭的。

从改历的过程我们可以看到，当时朝野两方对天文学有较深研究者，可谓人才济济。特别是民间天文学家数量之多，说明在社会上对天文学的研究受到广泛重视，有着雄厚的基础。

《太初历》的原著早已失传。西汉末年，刘歆把邓平的八十一分法做了系统的叙述，又补充了很多原来简略的天文知识和上古以来天文文献的考证，写成了《三统历谱》。它被收录在《汉书·律历志》里，一直流传至今。

如果说《太初历》以改元而得名，那么《三统历谱》则以统和纪为基本。统

> 甲子日 是我国干支历法中的第一天。在我国古代的历法中，"十天干"与"十二地支"按固定的顺序互相配合，组成了干支纪年、纪月、纪日、纪时法。古贤认为：甲子为干支之始，为第一个干支组合，寓意事之起始，事之确立之时。

汉代竹简中观测记录

■ 古人观星仪器

是推算日月的距离，即推算日月运行所经历的距离远近；纪是推算五星的见伏，即推算五星的显现和隐没。

统和纪又各有母和术的区别，母是讲立法的原则，术是讲推算的方法。所以有统母、纪母、统术、纪术的名称；还有岁术，是以推算岁星即木星的位置来纪年；其他有五步，是实测五星来验证立法的正确性如何。

此外，还有"世经"，主要是考研古代的年，来证明它的方法是否有所依据。这些就是《三统历谱》的第七节。

这部历法是我国古代流传下来的一部较完整的天文著作。它的内容有造历的理论，有节气、朔望、月食及五星等的常数和运算推步方法。

还有基本恒星的距离，可以说含有现代天文年历的基本内容，因而《三统历谱》被认为是世界上最早的天文年历的雏形。

从《太初历》至《三统历谱》，其在历法方面的主要进展是多方面的。

《太初历》的科学成就，首先在于历法计算上的精密准确。《太初历》以实测历元为历算的起始点，定元封七年十一月甲子朔旦冬至夜半为历元，其实测

天文年历 是天文学家运用天体力学理论推算的天文历书,其中列有每年天体如太阳,月球,大行星和亮的恒星等的视位置;这一年特殊天象如日食,月食,彗星,流星雨和月掩星等发生的日期,时刻以及亮变星的变化情况等。天文年历的使用方法具有一定的专业性。

精度比较高，如冬至时刻与理论值之差仅0.24日。

《太初历》的科学成就，又在于第一次计算了日月食发生的周期。交食周期是指原先相继出现的日月交食又一次相继出现的时间间隔。食年是指太阳相继两次通过同一个黄白交点的时间间隔。

《太初历》的科学成就，还在于精确计算了行星会合的周期，正确地建立了五星会合周期和五星恒星周期之间的数量关系。

在五星会合周期的测定和五星动态表编制的基础上，《太初历》第一次明确规定了预推五星位置的方法：已知自历元到所求时日的时距，减去五星会合周期的若干整数倍，得一余数。

以此余数为引数，由动态表用一次内插法求得这时五星与太阳的赤道度距，即可知五星位置。

这一方法的出现，标志着人们对五星运动研究的

> **五星** 《史记·天官书》中记载："天有五星，地有五行。"是指水星、金星、火星、木星、土星五星。这5颗星最初分别叫辰星、太白、荧惑、岁星、镇星，这也是古代对这5颗星的通俗称法。把这5颗星叫金木水火土，是把地上的五元素配上天上的5颗行星而产生的。

汉代白虎星宿瓦当

汉代朱雀星宿瓦当

重大飞跃。这一方法继续应用到隋代都没有什么大的变动。

《太初历》的科学成就，还在于适应农时的需要。司马迁等人编制《太初历》时，将有违农时的地方加以改革，把过去的十月为岁首改为以正月为岁首。

又在沿用19年七闰法的同时，把闰月规定在一年二十四节气中间无中气的月份，使历书与季节月份比较适应。这样春生夏长，秋收冬藏，四季顺畅了。二十四节气的日期，也与农时照应。

总之，《太初历》的制定，是我国历法史上具有重要意义的一次历法大改革，是中华文明在世界天文学上的不朽贡献。

阅读链接

西汉建国之初，娴习历法的丞相张苍建议继承秦的《颛顼历》。当时有个儒生公孙臣上书提出，大汉国运属于土德，与秦不同，当有黄龙出现时，当改正朔，易服色。张苍批判他的谬论，把这主张压下去了。

后来，传说黄龙果然在甘肃出现。消息传到宫中，汉文帝责问张苍，并召见公孙臣，命他为博士。张苍因此告病罢归。

后来太史令司马迁等把这问题重又提到日程上来，拉开了改历的序幕，并最后完成了我国历史上第一部完整的历法《太初历》。

历法体系里程碑《乾象历》

《乾象历》是三国时期东吴实施的历法。东汉末期刘洪撰。

刘洪的天文历法成就大都记录在《乾象历》中，他的贡献是多方面的，其中对月亮运动和交食的研究成果最为突出。

刘洪的《乾象历》创新颇多，不但使传统历法面貌为之一新，而且对后世历法产生了巨大影响。

至此，我国古代历法体系最后形成。刘洪作为划时代的天文学家而名垂青史。

■ 东汉有关天象的瓦当

校尉 是我国古代历史上重要的武官官职。官名。校，军事编制单位。尉，军官。校尉为部队长之意。校尉始置于秦代，为中级军官。至汉灵帝时期，随着军权分散各地，诸侯并起，校尉的名号也开始多见，而地位则居于越来越多的各中郎将之下。

刘洪是汉光武帝刘秀的侄子鲁王刘兴的后代，自幼得到了良好的教育。青年时期曾任校尉之职，对天文历法有特殊的兴趣。

后被调到执掌天时、星历的机构任职，为太史部郎中。在此后的十余年中，他积极从事天文观测与研究工作，这对刘洪后来在天文历法方面的造诣奠定了坚实的基础。

在刘洪以前，人们对于朔望月和回归年长度值已经进行了长期的测算工作，取得过较好的数据。

至东汉初期，天文学界十分活跃，关于天文历法的论争接连不断，在月亮运动、交食周期、冬至太阳所在宿度、历元等一系列问题上，展开了广泛深入的探索，孕育着一场新的突破。

刘洪十分积极而且审慎地参加当时天文历法界的有关论争，有时他是作为参与论争的一方，有时则是论争的评判者，无论以何种身份出现，他都取公正和实事求是的态度。

■ 汉代观星楼遗址

经过潜心思索，刘洪发现，依据前人所取用的这两个数值推得的朔望以及节气的平均时刻，长期以来普遍存在滞后于实际的朔望等时刻的现象。

刘洪给出了独特的定量描述的方法，大胆地提出前人所取用的朔望月和回归年长度值均偏大的正确结论，给上述问题以合理解释。

由于刘洪是在朔望月长度和回归年长度两个数据的精度长期处于停滞徘徊状态的背景下，提出他的新数据，所以不但具有提高准确度的科学意义，而且还含有突破传统观念的束缚，打破僵局，为后世研究的进展开拓了道路。

■ 古代观测天象的仪器

在此基础上，刘洪进一步建立了计算近点月长度的公式，并明确给出了具体的数值。我国古代的近点月概念和它的长度的计算方法从此得以确立，这是刘洪关于月亮运动研究的一大贡献。

刘洪每日昏旦观测月亮相对于恒星背景的位置，在长期观测取得大量第一手资料之后，他进而推算出月亮从近地点开始在一个近点月内每日实际行度值。

由此，刘洪给出了月亮每日实行度、相邻两日月亮实行度之差、每日月亮实际行度与平均行度之差和该差数的累积值等的数据表格。

这是我国古代第一份月亮运动不均匀性改正数值表即月离表。

月离表具有重要价值。欲求任一时刻月亮相对于平均运动的改正值，可依此表用一次差内插法加以计算。这是一种独特的月亮运动不均匀性改正的定量表

近点月 是指月球绕地球公转连续两次经过近地点的时间间隔。是月球运行的一种周期。像所有轨道一样，月球轨道是椭圆而非圆形的，因此轨道的方向不是固定的。由于近地点受邻近天体的摄动，每月东移约3度，所以近点月较恒星月稍长，为27.5546日。

■ 古代月食图

述法和计算法，后世莫不遵从之。

刘洪经过20多年的潜心观测和研究，取得了丰富的科研成果。而这些创新被充分地体现在他于206年最后完成的《乾象历》中。

《乾象历》的完成，是我国历法史上的一次突破性进步，奠定了我国"月球运动"学说的基础。

归纳起来，刘洪及其《乾象历》在如下几个方面取得了重大的进展：

一是给出了回归年长度值的最新数据。刘洪发现以往各历法的回归年长度值均偏大，在《乾象历》中，他定出了365.2468日的新值，较为准确。

这一回归年长度新值的提出，结束了回归年长度测定精度长期徘徊甚至倒退的局面，并开拓了后世该值研究的正确方向。

二是在月亮运动研究方面取得重大进展，给出了独特的定量描述的方法。

刘洪肯定了前人关于月亮运动不均匀性的认识，在重新测算的基础上，最早明确定出了月亮两次通过近地点的时距为27.5534日的数值。

刘洪首创了对月亮运动不均匀进行改正计算的数值表，即月亮过近地点以后每隔一日月亮的实际行度

月亮运动 月亮是离地球最近的天体。古代人用月亮的位相变化计量时间，所以非常注意月亮的运动。战国时期的天文学家石申就已经知道月亮运动的速率是有变化的，时常偏离到黄道以南或以北。现在我们已经知道，影响月亮运动的因素，主要是地球和太阳的引力。

与平均行度之差的数值表。为计算月亮的真实运行度数提供了切实可行的方法，也为我国古代该论题的传统计算法奠定了基石。

刘洪指出，月亮是沿自己特有的轨道运动的，白道与黄道之间的夹角约为6°。这同现今得到的测量结果已比较接近。

他还定出一个白道离黄道内外度的数值表，据此，可以计算任一时刻月亮距黄道南北的度数。

刘洪阐明了黄道与白道的交点在恒星背景中自东向西退行的新天文概念，并且定出了黄白交点每日退行的具体度数。

三是提出了新的交食周期值。刘洪提出一食年长度为346.6151日。该值比他的前人和同时代人所得值都要准确，其精度在当时世界上也是首屈一指的。

刘洪还提出了食限的概念，指出在合朔或望时，只有当太阳与黄白交点的度距小于14.33度时，才可能发生日食或月食现象，这14.33度就称为食限，就是判断交食是否发生的明确而具体的数值界限。

刘洪创立了具体计算任一时刻月亮距黄白交点的度距和太阳所在位置的方法。这实际上解决了交食食分大小及交食亏起方位等的计算问题，可是《乾象历》对此并未加阐述。

刘洪发明有"消息术"，这是在计算交食发生时刻，除考虑月亮运动不均匀性

> **近地点** 天文学上所指的近地点是指月球绕地球公转轨道距地球最近的一点。地球位于假想椭圆的两个焦点位置中的一个。以椭圆形的两个焦点为横轴画一条直线，其与卫星轨道产生两个交点，其中距地球最近的称为"近地点"，距离地球最远的称为"远地点"。

■ 古代观测天象的仪器

节气五行运转图

的影响外,还虑及交食发生在一年中的不同月份,必须加上不同的改正值的一种特殊方法。这一方法,实际上已经考虑到太阳运动不均匀性对交食影响的问题。

四是在天文数据表的测算编纂方面的贡献。刘洪还和东汉末的文学家、书法家蔡邕一起,共同完成了二十四节气太阳所在位置、黄道去极度、日影长度、昼夜时间长度以及昏旦中星的天文数据表的测算编纂工作。该表载于东汉四分历中,后来它成为我国古代历法的传统内容之一。

刘洪提出了一系列天文新数据、新表格、新概念和新计算方法,把我国古代对太阳、月亮运动以及交食等的研究推向一个崭新的阶段。他的《乾象历》是我国古代历法体系趋于成熟的一个里程碑。

阅读链接

三国时期东吴天文学家刘洪是一个坚持原则的人。当时有一批著名的天文学家各据自己的方法预报了我国179年可能发生的一次月食,有的说农历三月,有的说农历四月,有的说农历五月当食。

刘洪反对这种推断,认为这是未经实践检验的。进而,刘洪提出必须以真切可信的交食观测事实作为判别的权威标准,这一原则为后世历家所遵循。

用现代月食理论推算,179年的农历三、四、五月均不会发生月食,可见当年刘洪的推断以及他所申述的理由和坚持的原则都是十分正确的。

历法系统周密的《大衍历》

《大衍历》是唐代历法，唐代僧人一行所撰。它继承了我国古代天文学的优点和长处，对不足之处和缺点做了修正，因此，取得了巨大成就。它对后代历法的编订影响很大。

《大衍历》最突出的表现在于它比较正确地掌握了太阳在黄道上运动的速度与变化规律。一行采用了不等间距二次内插法推算出每两个节气之间，黄经差相同，而时间距却不同。

■ 唐代天文官陶俑

■ 一行法师画像

唐代是我国古代文化高度发展与繁荣的一个朝代。这不仅体现在政治、经济上，还体现在自然科学方面。唐代的天文学成就，标志着我国古代天文历法体系的成熟。这一时期涌现了不少杰出的天文学家，其中以一行的成就最高。

一行，俗名张遂。他出身于一个富裕人家，家里有大量的藏书。他从小刻苦好学，博览群书。他喜欢观察思考，尤其对于天象，有时一看就是一个晚上。至于天文、历法方面的书他更是大量阅读。

日积月累，他在这方面有了很深的造诣，很有成就，成为著名的学者。712年，唐玄宗即位，得知一行和尚精通天文和数学，就把他召到京都长安，做了朝廷的天文学顾问。

唐玄宗请一行进京的主要目的是要他重新编制历法。因为自汉武帝到唐高宗之间，历史上先后有过25种历法，但都不精确。

唐玄宗就因为唐高宗诏令李淳风所编的《麟德历》所标的日食总是不准，就诏令一行定新历法。

一行在长安生活了10年，使他有机会从事天文学的观测和历法改革。自从受诏改历后，为了获得精确数据，他就开始了天文仪器制造和组织大规模的天文大地测量工作。

《麟德历》是唐高宗诏令李淳风所编写的历法，此历法于665年颁行。《麟德历》主要以《皇极历》为基础，简化许多烦项的计算。《麟德历》一直使用至开元年间，又出现纬器不合的问题。《大衍历》颁行后，《麟德历》遂废。

一行在修订历法的实践中，为了测量日、月、星辰在其轨道上的位置和运动规律，他与梁令瓒共同制造了观测天象的"浑天铜仪"和"黄道游仪"。

浑天铜仪是在汉代张衡的"浑天仪"的基础上制造的，上面画着星宿，仪器用水力运转，每昼夜运转一周，与天象相符。另外还装了两个木人，一个每刻敲鼓，一个每辰敲钟，其精密程度超过了张衡的"浑天仪"。

黄道游仪的用处，是观测天象时可以直接测量出日、月、星辰在轨道上的坐标位置。一行使用这两个仪器，有效地进行了对天文学的研究。

在一行以前，天文学家包括像张衡这样的伟大天文学家都认为恒星是不动的。但是，一行却用浑天铜仪、黄道游仪等仪器，重新测定了150多颗恒星的位置，多次测定了二十八宿距天体北极的度数。从而

> 张衡（78年—139年），字平子，南阳西鄂人，我国东汉时期伟大的天文学家、数学家、发明家、地理学家、制图学家、文学家、学者，在汉朝官至尚书，为我国天文学、机械技术、地震学的发展作出了不可磨灭的贡献。

■ 浑天铜仪

■ 一行法师观天象石刻

发现恒星在运动。

根据这个事实，一行推断出天体上的恒星肯定也是移动的。于是推翻了前人的恒星不运动的结论，一行成了世界天文史上发现恒星运动的第一个中国人。

一行是重视实践的科学家，他使用的科学方法，对他取得的成就有决定作用。

一行和南宫说等人一起，用标杆测量日影，推算出太阳位置与节气的关系。

一行设计制造了"复矩图"的天文学仪器，用于测量全国各地北极的高度。他用实地测量计算得出的数据，从而推翻了"王畿千里，影差一寸"的不准确结论。

从724年至725年，一行组织了全国13个点的大地测量。这次测量以天文学家南宫说等人在河南的工作最为重要。当时南宫说是根据一行制历的要求进行的这次测量。

> **子午线** 也称"经线"，和纬线一样是人类为度量方便而假设出来的辅助线，定义为地球表面连接南北两极的大圆线上的半圆弧。任两根经线的长度相等，相交于南北两极点。每条经线相对应的数值，称之为"经度"。经线指示南北方向。

一行从南宫说等人测量的数据中，得出了北极高度相差一度，南北距离就相差351千米80步的结论。

这实际上是世界上第一次对子午线的长度进行实地测量而得到的结果。如果将这一结果换算成现代的表示方法，就是子午线的每一度为123.7千米。

这次大地测量，无论从规模，还是方法的科学性，以及取得的实际成果，都是前所未有的。英国著名的科学家李约瑟后来高度评价说："这是科学史上划时代的创举。"

一行从725年开始编制新历至757年完成初稿，据《易》象"大衍之数"而取名为《大衍历》。可惜就在这一年，一行与世长辞了。他的遗著经唐代文学家张说等人整理编次，共52卷，称《开元大衍历》。

从729年起，根据《大衍历》编纂成的每年的历书颁行全国。经过检验，《大衍历》比唐代已有历法都更精密。

一行为编《大衍历》，进行了大量的天文实测，包括测量地球子午线的长度，并对中外历法系统进行了深入的研究，在继承传统的基础上，颇多创新。

《大衍历》是一行在全面研究总结古代历法的基础上编制出来的。它首先在编制方法上独具特色。

《大衍历》把过去没有统一

大衍之数 《周易》系辞中的"大衍之数五十"，是易学研究的重要课题之一。小衍为天地之体数，大衍为天地之用数。所谓"大衍之数五十其用四十九"，就是用大衍之数预测的占筮之法：以一为体，四十九为用，故其用四十又九。

■一行法师

格式的我国历法归纳成七个部分:"步气朔"讨论如何推算二十四节气和朔望弦晦的时刻;"步发敛"内容包括七十二候、六十四卦及置闰法则等;"步日躔"讨论如何计算太阳位置;"步月离"讨论如何推算月亮位置;"步晷漏"计算表影和昼夜漏刻的长度;"步交会"讨论如何计算日月食;"步五星"介绍的是五大行星的位置计算。

这七章的编写方法,具有编次结构合理、逻辑严密、体系完整的特点。因此后世历法大都因之,在明代末期以前一直沿用。可见《大衍历》在我国历法上的重要地位。

从内容上考察,《大衍历》也有许多创新之处。《大衍历》对太阳视运动不均匀性进行新的描述,纠正了张子信、刘焯以来日躔表的失误,提出了我国古代第一份从总体规律上符合实际的日躔表。

在利用日躔表进行任一时刻太阳视运动改正值的计算时,一行发明了不等间距二次差内插法,这是对刘焯相应计算法的重要发展。

一行对于五星运动规律进行了新的探索和描述,确立了五星运动近日点的新概念,明确进行了五星近日点黄经的测算工作。如一行推算出728年的木、火和土三星的近日点黄经,分别为345.1度,300.2

置闰 是我国古代历法为调节阴历与太阳运行周期的巨大差距而采取的在某些年中增加阴历月数的方法。太阳年比阴历年多出了一个月有余。30年就多出11个月。为了"填补"这个差距,古人根据阴历和阳历的岁差,在适当的年份里增加一个月,这种方法就叫"置闰"。

■ 一行法师观测天象遗址

度和68.3度。这与相应理论值的误差分别为9.1度、12.5度和1.6度，此中土星近日点黄经的精度达到了很高的水平。

一行还首先阐明了五星近日点运动的概念，并定出了每年运动的具体数值。

用于观测计算的日晷

《大衍历》还首创了九服晷漏、九服食差等的计算法。在新算法中，对于从太阳去极度推求晷影长短，《大衍历》设计了一套计算方法。根据简单的三角函数关系由太阳去极度可以方便地得到八尺之表的影长。我国古代天文学家用巧妙的代数学方法解决了这一问题，体现了我国天文学的特色。

《大衍历》是当时世界上比较先进的历法。日本曾派留学生吉备真备来我国学习天文学，回国时带走了《大衍历经》1卷、《大衍历立成》12卷。于是《大衍历》便在日本广泛流传起来，其影响甚大。

阅读链接

一行在编制《大衍历》之前，就已经走遍了大半个中国，许多地方都留下过他的遗迹。这其实为他后来编制《大衍历》获得了很多第一手材料。

705年，一行游历到岭南，喜爱上外海的五马归槽山，便在山麓搭起茅庵留了下来。他在此观察天象，绘制星图，以种茶度日，因此所居住的草庐名叫"茶庵"。

一行的学识与为人深为外海人所敬仰。明代万历年间，人们在这里建造寺庙，以一行所结的茅庐"茶庵"为名。从此，"茶庵寺"的名字便流传至今。

古代最先进历法《授时历》

■ 郭守敬画像

《授时历》为元代实施的历法名,因元世祖忽必烈封赐而得名,原著及史书均称其为《授时历经》。

《授时历》沿用400多年,是我国古代流行时间最长的一部历法。

《授时历》正式废除了古代的上元积年,而截取近世任意一年为历元,打破了古代制历的习惯,是我国历法史上的第四次大改革。

元朝统一全国后，当时所用的历法《大明历》已经误差很大，元世祖忽必烈决定修改历法。于是命人置局改历，开始了我国历法史上的又一次改革。

据《元史》记载，元大都天文台上有郭守敬制作的仪器13件。

《授时历》插图

据说，为了对它们加以说明，郭守敬奏进仪表式样时，从上早朝讲起，直讲到下午，元世祖一直仔细倾听而没有丝毫倦意。这个记载反映出郭守敬讲解生动，也反映出元世祖的重视和关心。

郭守敬又向元世祖列举唐代一行为编《大衍历》而进行全国天文测量的史实，提出为编制新历法，也应该组织一次全国范围的大规模的天文观测。

元世祖接受了郭守敬的建议，派10多名天文学家到国内各地相关地点进行了几项重要的天文观测，历史上把这项活动称为"四海测验"。

元代四海测验不少于27个观测点，分布在南起北纬15度，北至北纬65度，东起东经128度，西至东经102度的广大地域。主要进行了日影、北极出地高度即观察北极星的视线和地平面形成的夹角度数、春分秋分昼夜时刻的测定。

至今犹存的观测站之一的阳城，就是现在的河南省登封测景台，又称"元代观星台"。这里被古人认为是"地中"。

登封测景台不仅仅是一个观测站，同时也是一个固定的高表。表顶端就是高台上的横梁，距地面垂直距离是13米。

> **割圆术** 魏晋时期的数学家刘徽首创割圆术，为计算圆周率建立了严密的理论和完善的算法，即不断倍增圆内接正多边形的边数求出圆周长的方法。元代郭守敬、王恂等天文学家曾用割圆术换算黄道坐标和赤道坐标之间的数值。

高台北面正南北横卧着石砌的圭，石圭俗称"量天尺"，长达40米。与通常使用的2米高表比较，新的表高为原来表高的6倍还多，减小了测量的相对误差。

郭守敬敢于在各观测站都使用13米高表而不怕表高导致的端影模糊，是因为他配合使用了景符，通过景符上的小孔，将表顶端的像清晰地呈现在圭面上。

景符是高表的辅助仪器。它利用微孔成像的原理，使高表横梁所投虚影成为精确实像，清晰地投射在圭面上，达到了人类测影史的最高精度，超过了同期的世界水平。

这次测量获得了高精度的原始测量数据，对《授时历》的编纂贡献很大。

经过许衡、郭守敬、王恂等天文学家们艰苦奋斗，精确计算了4年，运用了割圆术来进行黄道坐标和赤道坐标数值之间的换算，以二次内插法解决了由于太阳运行速度不匀造成的历法不准确问题，终于在1280年编成了这部历史上精确、先进的历法。

元世祖根据古书上"授民以时"的命意，取名为《授时历》。

王恂是以算术闻名于当时的，元世祖命他

■ 郭守敬观星台遗址

负责治历。他谦称自己只知推算年时节候的方法，需要找一个深通历法原理的人来负责，于是他推荐了许衡。

许衡是当时大儒，于易学尤精，接受任命以后十分同意郭守敬制造仪器进行实测。

《授时历》颁行的第二年，许衡病卒，王恂已于前一年去世，这时有关《授时历》的计算方法、计算用表等尚未定稿，郭守敬又挑起整理著述最后定稿的重担，成为参与编历全过程的功臣。

■ 郭守敬著书图

《授时历》是我国古代创制的最精密的历法。用郭守敬自己的话说，《授时历》"考正者七事""创法者五事"。

考正者七事，一是精确地测定了至1280年的冬至时刻。

二是给出了回归年长度及岁差常数。即第一年冬至到第二年冬至的时间为365日24刻25分。古时一天分为100刻，即1年为365.2425日；如以小时计，《授时历》为365日5时49分12秒。

三是测定了冬至日太阳的位置，认为太阳在冬至点速度最高，在夏至点速度最低。

四是测定了月亮在近地点时刻。

许衡（1209年—1281年），是元初杰出的思想家、教育家和天文历法学家，也是金元之际南方理学北传的倡导人物之一。许衡精通天文、历算。1276年，因修《授时历》，召入朝，授集贤大学士兼国子祭酒，教领太史院事。与王恂、郭守敬等人共同研订。1280年，终于完成了这一艰巨复杂的任务。

■ 郭守敬编著《授时历》画

黄赤交角 是指黄道平面与天赤道平面的交角。是地球公转轨道面与赤道面的交角，也称为"太阳赤纬角"或"黄赤大距"。地球绕太阳公转的黄赤交角为约23.26°。黄赤交角并不是一直不变的，它一直有着微小的变化，但由于变化太小了，所以人们一般对其忽略不计。

五是测定了冬至前月亮过升交点的时刻。即冬至时月亮离黄白交点的距离，并进一步利用此数据测定了朔望日、近点月和交点月的日数。

六是测定了二十八宿距星的度数。

七是测定了二十四节气时元大都日出日没时刻及昼夜时间长短。

创法者五事分别是：一是求出了太阳在黄赤道上的运行速度；二是求出了月亮在白道上的运行速度，即月球每日绕地球运行的速度；三是从太阳的黄道经度推算出赤道经度；四是从太阳的黄道纬度推算赤道纬度；五是求月道和赤道交点的位置。

《授时历》采用的天文数据是相当精确的。如郭守敬等重新测定的黄赤交角为古度23.9030°，约折合今度23.3334°，与理论推算值的误差仅为1分36秒。

法国著名数学家和天文学家拉普拉斯在论述黄赤

交角逐渐变小的理论时，曾引用郭守敬的测定值，并给予其高度评价。

《授时历》中的推算还使用了郭守敬创立的新数学方法。如"招差法"是利用累次积差求太阳、月亮运行速度的。又如"割圆法"是用来计算积度的，类似球面三角方法求弧长的算法。

不仅如此，郭守敬废弃了用分数表示非整数的做法，采用百进位制来表示小数部分，提高了数值计算的精度。

郭守敬不再花费很大的力气去计算上元积年，直接采用1280年冬至为历法的历元，表现了开创新路的革新精神。

所谓"上元积年"是我国古代编历的老传统。"上元"就是在过去的年代里，一个朔望日的开始时

> **朔望** 就是月亮绕行到太阳和地球之间，月亮的阴暗一面对着地球，这时叫"朔"，正是农历每月的初一。月亮绕行至地球的后面，被太阳照亮的半球对着地球，这时叫"望"，一般在农历每月十五或十六。我国古代历法中把包含朔时刻的那一天叫"朔日"，把有望时刻的那一天叫"望日"。

■ 郭守敬观测场影石刻

刻和冬至夜半发生在一天；"积年"就是从制历或颁历时的冬至夜半上推到所选上元的年数。

历法家为了找到一个理想的上元，往往牵强凑合。《授时历》不采用这种方法，而以1280年作为推算各项天文数据的起点，这就是近世截元法。这是历法史上的一项重要贡献。

在恒星观测方面，郭守敬等不仅将二十八宿距星的观测精度提高到一个新的水平，而且对二十八宿中的杂坐诸星，以及前人未命名的无名星进行了一系列观测，并且编制了星表。

元代二十八宿的测量误差很小，其中房、虚、室、娄、张五宿的测量误差小于1分，大于10分的仅胃宿一宿，实在是高水平的测量，也是元代天文仪器精密的客观记录。

郭守敬还著有《新测二十八舍杂坐诸星入宿去极》一卷和《新测无名诸星》一卷。清代梅文鼎说曾见过民间遗本，现在北京图书馆藏《天文汇钞》中的《三垣列舍入宿去极集》一卷，就是抄自郭守敬恒星图表的抄本，甚为珍贵。

■ 郭守敬博物馆内的天文观测工具

郭守敬纪念馆的观星画

《授时历》是我国古代最先进的历法，代表了元代天文学的高度发展。自颁行后，沿用400多年，是我国流行最长的一部历法。

《授时历》编制不久，即传播到日本、朝鲜，并被采用。《授时历》作为我国历史上一部优秀的、先进的、精确的历法，在世界天文学史上也占有突出的位置。

阅读链接

元世祖忽必烈于1279年3月20日，命天文学家郭守敬进行地理测量行动，这就是历史上有名的"四海测验"。在这次大规模的观测活动中，测量队曾在南海设立观测点，郭守敬亲自登陆的南海测点为黄岩岛及附近诸岛，测量结果在《元史》中有详细记载。

南海测量创世界纪录协会世界最早对黄岩岛进行地理测量的世界纪录。由此，我国成为世界上最早对南海黄岩岛及附近诸岛进行地理测量的国家。

中西结合的《崇祯历书》

《崇祯历书》是明代崇祯年间为改革历法而编的一部丛书。从1629年9月成立历局开始编撰,至1634年11月全书完成。

全书主编徐光启,后由李天经主持。参加编制的有日耳曼人汤若望、葡萄牙人罗雅谷、瑞士人邓玉函、意大利人龙华民等。

《崇祯历书》从多方面引进了欧洲的古典天文学知识。此历法在清代被改为《时宪历》,在清代初期前后行用了80余年。

■ 明代的外国科学家

明代初期使用的历书是元代郭守敬等人编制的《授时历》，在明代立国后更名为《大统历》沿用至明崇祯年间，这部历书已施行了348年之久，误差也逐渐增大。

明代初期以来，据《大统历》推算所作的天象预报，就已多次不准。

1629年6月21日日食，钦天监的预报又发生显著错误，而礼部侍郎徐光启依据欧洲天文学方法所作的预报却符合天象，因而崇祯帝对钦天监进行了严厉的批评。徐光启等因势提出改历，遂得到批准。

■ 明代观象台

同年7月，礼部在宣武门内的首善书院开设历局，由徐光启督修历法。

徐光启深知，西方天文学的许多内容是我国古所未闻的，所以改历时应该吸取西学，与我国传统学说参互考订，中西会同归一，使历法的编订更加完善。于是，他制订了一个以西法为基础的改历方案。

在编纂过程中，历局聘请来日耳曼人汤若望、葡萄牙人罗雅谷、瑞士人邓玉函、意大利人龙华民等参与历法编订工作。

这些西方耶稣会传教士参与我国历法编订，给渴望天文新知识的我国天文工作者带来了欧洲天文学知识，开始了我国天文学发展的一个特殊阶段，即在传

钦天监 古代官署名。其职责是掌观察天象，推算节气，制定历法。明代沿用的历法计算方式误差较大。恰在此时，传教士带来了新历法。明代初期沿置司天监、回回司天监，旋改称"钦天监"，有监正、监副等官，末年有西洋传教士参加工作。

统天文学框架内，搭入欧洲天文知识构件。

在徐光启的领导下，历局从翻译西方天文学资料起步，力图系统地和全面地引进西方天文学的成就。西方学者与历局的中国天文学家一道译书，共同编译或节译了哥白尼、第谷、伽利略、开普勒等欧洲著名天文学家的著作。这是历局的中心工作。

历法编纂工作从1629年至1634年，历经6年，完成了卷帙浩繁的《崇祯历书》。徐光启于1633年去世，经他定稿的有105卷，其余32卷最后审定人为历法家李天经。

《崇祯历书》贯彻了徐光启以西法为基础的设想，基本上纳入了"熔彼方之材质，入大统之型模"的规范。是较全面介绍欧洲古典天文学的重要著作。

《崇祯历书》采用的是丹麦天文学家第谷所创立的宇宙体系和几何学的计算方法。第谷体系是介于哥白尼的日心体系和托勒密的地心体系之间的一种调和性体系。

历书中引入了清晰的地球概念和地理经纬度概念，以及球面天文学、视差、大气折射等重要天文概念和有关的改正计算方法。它还采用了一些西方通行的度量单位，如一周天分为360度；一昼夜分为96刻24小时；度、时以下采用六十进位制等。

从内容上看，《崇祯历书》全书共46种，137

■ 徐光启艺术雕像

经纬度 是指经度与纬度的合称组成一个坐标系统。又称"地理坐标系统"，它是一种利用三维空间的球面来定义地球上的空间的球面坐标系统，能够标示地球上的任何一个位置。纬线和经线是人类为度量方便而假设出来的辅助线，定义为地球表面某点随地球自转所形成的轨迹。

卷，分"基本五目"和"节次六目"。

基本五目分别为法原、法数、法算、法器和会通。这部分以讲述天文学基础理论法原所占篇幅最大，有40卷之多，约占全书篇幅的三分之一。

此外，法数为天文用表，法算为天文学计算必备的平面、球面三角学、几何学等数学知识，法器为天文仪器及使用方法，会通为中西度量单位换算表。

节次六目是根据这些理论推算得到的天文表，分别为日躔、恒星、月离、日月交合、五纬星和五星凌犯。如推算出太阳视运动的度次，记载恒星在天球上的位置以及其他参数，月球运行的度次，日月交合时间，金木水火土星五星出入黄道的情况。

尽管当时哥白尼体系在理论上、实测上都还不很成功，但《崇祯历书》对哥白尼的学说做了介绍并大量引用哥白尼在《天体运行论》中的章节，还认为哥

> **五纬** 亦称五星，是古代中国人将太白、岁星、辰星、荧惑、镇星这5颗行星合起来的称呼，五星与日、月合称七曜。五星即金木水火土星。在我国古代的星占学上，五星分别与五常、五方、五善、五色、五行、五事、五严、五社、五藏等均分别一一对应。

■ 徐光启推算纬度图

白尼是欧洲历史上除了伽利略、开普勒之外最伟大的天文学家之一。

事实上,《崇祯历书》在1634年编完之后并没有立即颁行。新历的优劣之争一直持续了10年。在《明史·历志》中记录了发生过的8次中西天文学的较量,包括日食、月食,以及木星、水星、火星的运动。

最后崇祯帝在1643年8月下定颁布新历的决心,但颁行《崇祯历书》的命令还没有实施,明王朝就已灭亡。此后,则由留在北京城中的汤若望删改《崇祯历书》至103卷,并且由清顺治皇帝将其更名为《西洋新法历书》。

其中100卷本《西洋新法历书》被收入《四库全书》,但因避乾隆弘历讳,易名为《西洋新法算书》,并且根据它的数据编制历书,叫《时宪历》。近代所用的旧历就是《时宪历》,通常叫"夏历"或"农历"。总的来说,《崇祯历书》是汉化西方天文学的产物,明代天文学发展所取得的伟大成就。

阅读链接

徐光启是明代著名科学家。他曾经与意大利耶稣会士利玛窦合作将《几何原本》前6卷译成汉文。这是传教士进入我国后翻译的第一部科学著作。西方早期天文学关于行星运动的讨论多以几何为工具,《几何原本》的传入对学习了解西方天文学是十分重要的。

徐光启在评论《几何原本》时说过:"读《几何原本》的好处在于能去掉浮夸之气,练就深思的习惯,会按一定的法则,培养巧妙的思考。所以全世界人人都要学习几何。"

测天之术

天文仪器

天文仪器的研制是天文学发展的基础，我国历代天文学家都很重视，在这一方面花了不少工夫。创制了表和圭、漏和刻、浑仪和简仪、浑象，以及功能非凡的候风地动仪和大型综合仪器水运仪象台，能测日影、计时间、测天体、演天象、测地震。

此外还有综合型的，集测时、守时、报时、演示于一体，显示了我国古代天文仪器的多样性。

我国古代天文仪器种类多、制作精、构思巧、用途广、装饰美、规模大，在世界天文仪器发展史上具有重要地位。

测量日影仪器表和圭

古代天文学家为了测定天体的方位、距离和运动，设计制造了许多天体测量的仪器。通过获得这些仪器测定的数据，来为各种实用的和科学的目的服务。

我国古代天体测量方面的成就是极其辉煌的。在诸多天体测量仪器中，表和圭通过测定正午的日影长度以定节令，定回归年或阳历年。还可以用来在历书中排出未来的阳历年以及24个节令的日期，作为指导农事活动的重要依据。

■ 圭表模型

表就是直立在地上的一根竿子,是最早用来协助肉眼观天测天的仪器。圭是用来量度太阳照射表时所投影子长短的尺子。两者结合在一起用时,遂称为"圭表"。从史料记载和发展规律来看,表的出现先于圭。

甲骨文中有关"立中"的卜辞,是关于殷人进行的一种祭祀仪式,是在一块方形或圆形平地的中央标志点上立一根附有下垂物的竿子,附下垂物的作用在于保证竿子的直立。

■ 古代黄玉圭表

殷时期的人们在4月或8月的某些特定的日子而进行这种"立中"的仪式,其目的在于通过表影的观测求方位、知时节。表明当时的人们已知立表测影的方法了。

事实上,在殷商之前,由于太阳的出没伴随着昼夜的交替,从原始社会起,人们就知道判别方向应同太阳升落有关。

早在新石器时期的墓葬群中,考古学家已发现其墓主人的头部都朝着一定的方向:陕西省西安半坡村朝西,山东省大汶口朝东,河南省青莲岗各期朝东,或东偏北、东偏南。这显然同日月的升落有关。

殷商时用表测日影的旁证还有甲骨文中表示一天之内不同时刻的字。这些字都同"日"字有关,如

甲骨文 又称"契文""甲骨卜辞""龟甲兽骨文",主要指我国商代晚期王室用于占卜记事而在龟甲或兽骨上镌刻的文字,殷商灭亡周朝兴起之后,甲骨文还延绵使用了一段时期,是我国已知最早的成体系的文字形式,它上承原始刻绘符号,下启青铜铭文,是汉字发展的关键形态。

■《周髀算经》

朝、暮、旦、明、昃、中日、昏等，其中"中日"与"昃"更是明确表示日影的正和斜，是看日影所得出的结论。

这一点同时也说明了表的一个用途，即利用表影方位的变化确定一天内的时间，这便是后代制成日晷的原理。也就是说，日晷还是在表的基础上发展起来的。

关于圭的出现，详细记录有圭表测量的书是战国至西汉时的《周礼》《周髀算经》《淮南子》等，因而一般人多认为圭的出现要在春秋战国时期。

东汉文字学家许慎的《说文解字》认为，圭是做成上圆下方的美玉，公侯伯子男所执之圭有9寸、7寸、5寸之不同。因而圭的长短就是各人身份的标志，换句话说，圭就是度量身份的尺子。

按《周髀算经》提供的数据，一般用6尺之表，则夏至时日影最短为1.5尺，正好是圭之长。

"土圭"和"土圭之法"是从"表"发展至"圭表"之间的一个过渡。最初是用一根活动的尺子去量度表影，以后才发展成将圭固定于表底，并延长其长度，使一年中任一天都可以方便地在圭面上读出影长，这才是圭表。

目前所见的圭表实物最早当推1965年在江苏省仪

日晷 是古代观测日影测定视太阳时的天文仪器。由晷针和晷面两部分构成，按晷面放置的方向，可分为赤道、地平、竖立、斜立等形式。利用日晷计时的方法是人类在天文计时领域的重大发明，这项发明被人类沿用达几千年之久。

征东汉墓中出土的铜圭表。表身可折叠存放于圭上专门刻制的槽内，圭上的刻度和铜表的高度均为汉制缩小10倍的尺寸。圭表作为随葬品埋入墓内，说明东汉时期圭表已很普及了。

从表发展成圭表是一个进步，是人们对立表测影要求精确化和数量化的体现。

在一块方形或圆形平地的中央直立一表，可以根据日出和日入的表影方向定出东西南北，也可以根据一天之内表影方向的变化确定出一日内的时刻。而这些也恰恰是制定历法所必需的。

在《周髀算经》一书中，还叙述了利用一根定表和一根游表测天体之间角距离的方法：

在一平地上先画一圆，立定表于圆心，另立一游表于正南方，当女宿距星南中天时，迅速将正南方之

> **距星** 二十八宿中每宿的一颗用于测量天体赤经位置的标志星。我国古代二十八宿中，每宿有一颗作为测量赤经相对标志的恒星，称为该宿的距星。其后，距星概念也推广到任何一个多星的星官之中，每个星官标志星。

■ 古代测量日影的大型圭表

古代用来测定时间的日晷

游表向西沿圆周移动,使通过定表和游表可见牛宿距星,这时量度游表在圆周上移动的距离,化成周天度就是牛宿的距度,也就是牛宿距星和女宿距星间的角度。

表,这一最简单最早出现的仪器,后来得到了很大的发展和改进。

为了使表影清晰,将表顶做成尖状的劈形或加一副表,与主表之影重合;为了提高表影测量精度,既加高表身,又发明相应的设备景符;为了测定时间,制成日晷,有赤道式的也有地平式的;为了使表不仅能观测日影,还能观月,更能观星,又发明了窥几等等。

总之,表和圭在我国古代天文学的发展中起了相当大的作用,是一类重要的古代天文仪器。即使在现在,它的定方向、定时刻的功能有时还会给人们以帮助。

阅读链接

祖冲之是南北朝时期杰出的数学家,科学家。他除了在数学方面颇有建树外,在天文方面也有颇多贡献。

比如他区分了回归年和恒星年,首次把岁差引进历法,给出了更精确的五星会合周期等。在这之中,还发明了用圭表测量冬至前后若干天的正午太阳影长以定冬至时刻的方法。这个方法也为后世长期采用。

为了纪念这位伟大的古代科学家,人们将月球背面的一座环形山命名为"祖冲之环形山",将小行星1888命名为"祖冲之小行星"。

古代计时仪器漏和刻

漏和刻是我国古代一种计量时间的仪器,是古人发明的诸多计时工具中最有代表性的仪器,充分体现了我国古代人民的智慧。

漏是指带孔的壶,刻是指附有刻度的浮箭。有泄水型和受水型两种。早期多为泄水型漏刻,水从漏壶孔流出,漏壶中的浮箭随水面下降,浮箭上的刻度指示时间。

受水型漏刻的浮箭在受水壶中,随水面上升指示时间,为了得到均匀水流可置多级受水壶。

■ 古代计时工具刻

■ 青铜漏壶

氏族公社 是原始社会的基本单位，主要以生产资料公有制为基础、以血缘纽带和血统世系相联结的社会组织形式。曾普遍存在于世界各地的原始社会中，是人类社会发展的必经阶段。随着社会生产力和劳动分工的发展，母系氏族公社逐渐被父系氏族公社所取代。

漏是漏水的壶，借助水的漏出以计量时间的流逝，是守时仪器。刻是带有刻度的标尺，与漏壶配合使用，随壶水的漏出不断反映不同的时刻，属于报时仪器。从文献史料和逻辑推理来看，漏的出现当早于刻。

漏壶的起源相当早。原始氏族公社时期就能制造精美的陶器，总会出现破损漏水的情况，而漏水的多少与所经时间有关，这就是用漏壶来计时的实践基础。人们从漏水的壶发展到专门制造有孔的漏壶，这一仪器就诞生了。

据史书所记载，漏刻之作开始于轩辕之时，在夏商时期有了很大发展。

轩辕黄帝是传说中的人物，漏壶为他所创不尽可信，但说在夏商时代有了很大发展还可考虑。

殷商时期已知立杆测影，判方向、知时刻，因而漏和刻的发明不会晚于商代。

在先秦典籍中，见到有关漏的记述，在汉代以后文献中已经见有刻和漏刻的描写。

最原始的漏壶是没有节制水流措施的，而只是让其自漏，从满壶漏至空，再加满水接着漏。显然满壶和浅壶漏水的速度不同，但一壶水从满漏至空都是大体等时的。如内蒙古自治区杭锦旗1976年出土的西汉漏壶每次漏空大约10分钟，因而计量时间可用漏了多少壶来表示。

为了不间断地添水行漏，计数漏了多少壶，需要有人日夜守候，这也许就是《周礼·夏官司马》中提到"挈壶氏"的原因。书中说夏官司马所属有挈壶氏，设下士6人及史2人，徒12人。

有军事行动时，掌悬挂两壶、罍、畚物。两壶，一为水壶，悬水壶以示水井位置；一为滴水计时的漏，命名击柝之人能按时更换。

如此众多的人员守候一个漏壶显然是很大的负担，人们必然会产生节制漏水速度的要求，或在壶内壁出水口处垫以云母片，或在漏水孔中塞以丝织物等，使漏水缓慢而又不断，这样每一壶水漏出的时间长了，就减轻了不断添水的负担。

由于不能以漏多少壶来计时，而要随时注意漏壶里的水漏掉多少，这就是刻产生的基础。最初可能是在壶内壁上刻画。

后来为了便于读数，就放一支箭在壶里，在箭杆上划刻度，看水退到什么刻度就知道时间了。

由于漏水速度的减慢，改用刻来作为计量时间的单位，壶水的满浅影响漏水速率的问题就显得突出起来。

可以说，我国漏刻技术几千年的

云母片 云母是一种造岩矿物，通常呈假六方或菱形的板状、片状、柱状晶形。在工业上用得最多的是白云母，其次为金云母。天然云母片是厚片云母经过剥分、定厚、切制、钻制或冲制而成，具有一定厚度、一定形状的云母零件。因其材料为天然矿制品，具有无污染、耐电压性能好的特点。

■ 铜壶滴漏

■ 古代计时用的工具漏刻

发展史就是克服漏水不均匀、提高计时精度的奋斗过程。其间也有箭舟的创造，沉箭式和浮箭式的使用，以及称漏的发明等巧妙的设计。

箭舟是指浮在漏壶里的小舟，载刻箭能够上浮；沉箭式是指随着水的漏出，壶里水面下降，箭舟载刻箭下沉而读数；浮箭式是指另用一不漏水的箭壶积存漏出的水，水越积越多，水面升高，箭舟载刻箭浮起而读数；称漏是称漏出之水的重量来计时。

它们都属于报时和显示时间的装置，其报时的准确程度均受到漏水是否均匀的影响。

为了克服壶里水位的满浅影响漏水的速率这一问题，最初想到的当然是不断添水以保持壶里水位的基本稳定，这样沉箭式就不能使用，必然出现浮箭式。

不断添水这一工作是件麻烦的事，因而就出现了多级漏壶，用上一级漏壶漏出的水来补充下一级漏壶的水位，使其保持基本稳定。显然，这样的补偿壶越多，最下面一个漏壶的水位就越是稳定。

东汉时期张衡做的漏水转浑天仪里用的是二级漏壶，晋代的记载中有三级漏壶，唐代的制度是四级漏

漏水转浑天仪
以漏壶流水控制浑象，使它与天球同步转动，以显示星空的周日视运动，如恒星的出没和中天等。它所用的两级漏壶是现今所知最早的关于两级漏壶的记载。漏水转浑天仪对我国后来的天文仪器影响很大，唐宋以来就在它的基础上发展出更复杂更完善的天象表演仪器和天文钟。

壶。从理论上来说还可以再加，但实际上是不可能无限制地增加补偿漏壶的数量的，因此保持水位稳定这一问题并未彻底解决。

宋代科学家燕肃迈出了关键性的一步，他抛弃了增加补偿漏壶这一老路，采用漫流式的平水壶解决了历史上长久未克服的水位稳定问题。这一发明在他制造的莲花漏中第一次使用。

莲花漏只用两个壶，叫"上匮"和"下匮"，其下匮开有两孔，一在上，一在下，下孔漏水入箭壶，以浮箭读数，而从上孔漏出的水经竹注筒入减水盎。

只要从上匮来的水略多于下匮漏入箭壶的水，下匮的水位就会不断升高，当要高于孔时，多余的水必然经上孔流出，使下匮的水位永远稳定在上孔的位置上，这就起了平定水位的作用，使下匮漏出的水保持稳定。

莲花漏的发明和使用是漏壶发展史上的重大成就。自宋代以后，莲花漏广泛应用于漏壶中，甚至发展成二级平水壶，使稳定性更加提高。

在解决水位稳定的漫长岁月中，对其他影响漏水精度的问题做出了许多改进。

其中有保持水温、克服温度变化影响水流的顺

> 燕肃（991—1040），北宋时期画家、科学家。学识渊博，精通天文物理，有指南车、记里鼓、莲花漏等仪器的创造发明，著有《海潮论》，绘制《海潮图》以说明潮汐原理。工诗善画，以诗入画，意境高超，为文人画的先驱者。

古代铜壶滴漏

古代用于计时的漏壶

涩；采用玉做漏水管，克服铜管久用锈蚀的问题；渴乌即虹吸管的使用，克服了漏孔制造的困难；用洁净泉水，克服水质影响流速；采用控制漏水装置"权"，调节流水速度等等。这些也无疑是我国漏壶发展史上的成就。

由于历代科学家的不懈努力，漏壶技术得到了很大发展。对于漏壶精度，我国古代很早就知道用测日影和观测恒星的方法同漏刻作比对，以校准漏刻。

阅读链接

司马穰苴是齐景公时期的人，他曾以将军衔准备率兵抵御燕晋两国的军队。出征前，他与监军庄贾约定，第二天正午在军门外会面。

第二天，司马穰苴先驱车到达军营，摆设好观日影计时的木表和滴水计时的漏壶等待庄贾。庄贾一向傲慢自大并不着急。正午的时候庄贾没有到，司马穰苴就推倒木表，倒掉漏壶里的水。到了傍晚，庄贾才到。司马穰苴责问之后，将其斩首，三军皆震，人人争取奔赴战场。

燕晋两军听说了这种情况，立刻撤兵了。

测量天体的浑仪和简仪

测量天体的仪器已有近2000年的历史。在历史进程中,我们的祖先在不同的时期发明和制造了各种测量天体的仪器,适应了当时社会经济发展和人们的生活需求。

我国古代测量天体的仪器最著名的是浑仪和简仪。这两件仪器的制造,是我国天文仪器制造史上的一大飞跃,是当时世界上的一项先进技术。

■ 古代观星仪

古天文台

浑仪是我国古代天文学家用来测量天体坐标和两天体间角距离的主要仪器。简仪是重要的观测用仪器，由浑仪发展而来。

我国古代浑仪的诞生，经历了从简单发展至复杂又回到简单的过程。大致来说，战国至秦是它的诞生时期；汉唐时期是研制、创新和定型的阶段；宋元时期是它的高峰时期；明代以后的铸造已经带有西学元素。

浑仪由于它的重要性，历代均有研制。保存至今的明制浑仪和清制浑仪结构合理、铸造精良、装饰华丽，成为古代天文仪器的精品，甚至成为我国古代科技文明的象征。

浑仪的构造包括3个基本部件，首先是窥管，通过这根中空管子的上下两孔观测所要测的天体；其次是反映各种坐标系统的读数环，当窥管指向某待测天体时，它在各读数环中的位置就是该天体的坐标。

此外就是各种支撑结构和转动部件，保证仪器的稳固和使窥管能自由旋转以指向天空任何方位。

最初的浑仪结构比较简单，只有一根窥管和赤道系统的读数环并兼做支架的作用,在《隋书·天文志》中最早留下了南北朝时孔挺于323年制的浑仪结构,即如上述古法所制。

北魏鲜卑天文学家斛兰于412年受诏主持铸成我国历史上第一台铁浑仪。铁浑仪增加了带水槽的十字底座,底座上立4根柱子支撑仪器。这样,读数系统与支撑系统就分开了。

铁浑仪的基本结构与前赵孔挺浑仪基本上相同,但又有些新创造。如在原有的底座上铸有"十"字形水槽,以便注水校准水平,这是在仪器设备上利用水准仪的开端。

铁浑仪是一台质量很高的仪器,北魏灭亡后,历经北齐、后周、隋、唐几个朝代一直使用了200多年。直至唐睿宗时,天文学家瞿昙悉达还奉敕修葺此仪,可见其使用寿命之长。

> **水准仪** 是根据水准测量原理测量地面点间高差的仪器。水准仪是在17世纪至18世纪发明了望远镜和水准器后出现的。20世纪初,在制出内调焦望远镜和符合水准器的基础上生产出微倾水准仪。后来出现了自动安平水准仪、激光水准仪、电子水准仪或数字水准仪等。

■ 古代铁浑仪

■ 宋代浑仪

至唐代，由于天文学家李淳风、一行和天文仪器制造家梁令瓒等人的努力，浑仪的三重环圈系统建立起来，成为后世浑仪结构的定型式。

浑仪的三重环圈各有名称，最里面的是四游环或四游仪，它夹着窥管可使之自由旋转；中间一重是三辰仪，包括赤道环、黄道环、白道环，上面都有刻度，是各坐标系统的读数装置；外面一重是六合仪，包括地平、子午、赤道三环，固定不动，起仪器支架作用。

考察历代所制浑仪，都可以按这三重环圈体系来分析它们的结构。其构造科学合理，观测精确，造型优美而享誉世界。

由于天体的周日运动是沿赤道平面的，所以只有赤道系统能最方便地表示天体的坐标，黄道和白道就显得很麻烦，而且由于岁差的原因，赤道和黄道的交点不断变化，使黄赤道的位置不固定。

周日运动 也称"周日视运动"，是描述地球上的观测者每天观测到天空上的天体明显的视运动状态，在近极区尤为明显。这由于地球绕轴自转使然。周日运动就是因地球自转引起的、以一天为周期的天体视运动。

唐代一行和梁令瓒所铸黄道游仪就是为了解决这个问题而设计的，他们在赤道环上每隔1度打一个孔，使黄道环能模仿古人理解的岁差现象不断在赤道上退行。

类似的情况是白道和黄道，李淳风就在他制造的浑天黄道仪的黄道环上打249个孔，每过一个交点月就让白道在黄道上退行一孔。这样的设计虽说巧妙，但使用上却带来不便，精度上也受影响，后来遂被废除。

宋代的浑仪铸造主要在北宋时期，大型的就有5架，每架用铜总在10000千克以上，可见其规模之大。

宋代浑仪也注意到精度方面的改良。如窥管孔径的缩小，降低人目移动所造成的误差，并调整仪器安装的水平和极轴的准确，降低系统误差。

当时发明的转仪钟装置和活动屋顶，成为我国天文仪器史上两大重要发明。

宋代浑仪已是环圈层层环抱的重器，它在天文测量和编历工作中起了很大的作用，但也渐渐显示了多重环圈的弊病：安装和调整不易，遮蔽天空渐多，使许多天区成为死区不能观测。因此，宋代后已在酝酿浑仪的重大改革，这是元代简仪的创制。

要追踪历代浑

■ 宋代的浑仪

中都 1264年，金国改燕京为中都，定为陪都。元代中都城仍在现在的北京市区西南部广安门一带。中都的建造者为元世祖忽必烈的孙子元武宗海山。元中都是元代除大都和上都之外的第三大都城，其政治地位、城市规模、经济文化在当时世界上享有盛誉。其遗址保存较好。

仪的下落是件不容易的事。木制的当然不易保存下来，即使是铜铁铸的也会因年久湮灭和战乱毁坏而难以保持。

宋代浑仪的遭遇要复杂些，北宋为金所灭，开封的五大浑仪全被虏至金的都城中都，运输过程中损坏的部件均被丢弃，浑仪被置于金的候台上，但因开封和北京纬度差达4度，观测时需作修正。

金章宗时，有一年雷雨狂风使候台裂毁，造成浑仪滚落台下，后经修理复置于台上。

北方蒙古人南下攻金，金王室仓皇出逃，宋代浑仪搬运困难，只好放弃而去，宋代仪器再次受到毁坏。至1271年，宋代浑仪只有天文学家周琮等人所造的一架还有线索，其他的都已不明去处。

■ 古代浑仪

北宋亡后，宋高宗南渡，曾经在杭州铸造过两三台小型浑仪，置于太史局、钟鼓院和宫中，但下落均不明。

明朝建都南京后，将北京的宋元代浑仪运至南京鸡鸣山设观象台，随后铸浑仪。明成祖朱棣迁都北京后仪器并未运回北京，而是派人去南京做成木模到北京来铸造，1437年铸成，置于明观象台上，即现在的北京古观象台。

■ 青铜简仪

清代康熙年间，钦天监请将南京郭守敬所造仪器运回北京。当时有人在观象台下见到许多元制简仪、仰仪诸器，都有王恂、郭守敬监造的签名。

1715年，欧洲传教士纪理安提出铸造地平经纬仪，将元明时期旧仪除明代制简仪、浑仪、天体仪外，尽皆熔化充作废铜使用，遂使元明时期旧仪不复留存。

至于宋元明时期旧仪的下落还有待进一步研究和发现。目前陈列在北京古观象台上的仪器为清代铸造，而在南京紫金山天文台上的浑仪、简仪则是明代仿制的宋元时期旧仪。

简仪的创制是在1279年由元代天文学家郭守敬负责的，现存于紫金山天文台的简仪为明代正统年间的

仰仪 是由元代天文学家郭守敬所创制，为一水平仰置的半球形铜签，球心处有一带小孔的板，利用针孔成像原理测定太阳的赤纬和时角，也可用以测定各食相的时刻。仰仪的主体是一只直径约3米多二元天文尺的铜质半球面，此外，它的形状好像一口仰放着的大锅，因而得名。

复制品，郭守敬原器已毁。因其简化了浑仪的环圈重叠体系，又将赤道坐标与地平坐标分开，不遮掩天空，观测简便，故后人以此作为简仪名称之由来。

郭守敬创制的简仪，就其结构来说是一个含有4架简单仪器的复合仪器，或许称复仪更为合适。

4架仪器中的主要部分是一架赤道经纬仪，可算是传统浑仪的简化。它只有四游环、赤道环和百刻环，而后两环重叠在一起置于四游环的南端，使四游环上方无任何规环遮掩，一览无余。

在赤道和百刻两环之间安装有4个铜圆柱，起滚动轴承的作用，这一发明早于西方200年之久。但这4个铜圆柱在明代复制品中没有。

4架仪器中的另一部分是地平经纬仪，又称"立运仪"，就是直立着运转的仪器。这也是新创造的，可以测量天体的地平经纬度。

地平经纬仪只有两个环，一个地平环，水平放置；在地平环中心垂直立一个立运环，窥衡附于其上，起四游环的作用。

简仪

■ 简仪模型

■ 简仪雕塑

4架仪器中的其他两部分是候极仪和正方案。候极仪装于赤道经纬仪的北部支架上，以观北极星校准仪器的极轴，使安装准确。正方案置于南部底座上，它既可以携带走单独使用，在这里也可以校准仪器安装的方位准确性。

现存简仪上正方案的位置在明末清初换上了平面日晷。

在《元史·天文志》里列举郭守敬创制的仪器名称，首先就是简仪，而立运仪、候极仪、正方案的名称又另外列出，可见郭守敬所指的简仪就是单指其中的赤道经纬仪。

当时既无这一名称，它又同传统的浑仪形状不同，考其作用正如浑仪，结构比浑仪简化。因此郭守敬称其简仪也是合理的。

阅读链接

郭守敬在天文历法方面做出了卓越的贡献。

在邢台县的北郊，有一座石桥。金元战争使这座桥的桥身陷在泥淖里，日子一久，竟没有人能够说清它的所在了。郭守敬查勘了河道上下游的地形，对旧桥基就有了一个估计。根据他的指点，居然一下子就挖出了这久被埋没的桥基。石桥修复后，当时元代著名文学家元好问还特意为此写过一篇碑文。

演示天象的仪器浑象

浑象也称"浑天象"或"浑天仪",甚至称为"浑仪",很容易与用于观测的浑仪互相混淆。

浑象是古代根据浑天说用来演示天体在天球上视运动及测量黄赤道坐标差的仪器。

浑象最初是在西汉时由大司农中丞耿寿昌创制的。

到东汉张衡创制水运浑象,对后世浑象的制造影响很大。

■ 铜质的浑象

■ 古代浑象仪

浑象是仿真天体运行的仪器,是天文学上很有用的发明。它把太阳、月球、二十八宿等天体以及赤道和黄道都绘制在一个圆球面上,能使人不受时间限制,随时了解当时的天象。

通过浑象的演示,白天可以看到当时在天空中看不到的星星和月亮,而且位置不差;阴天和夜晚也能看到太阳所在的位置。用它能表演太阳、月球以及其他星象东升和西落的时刻、方位,还能形象地说明夏天白天长,冬天黑夜长的道理等等。

据西汉时期文学家扬雄所著《法言·重黎》中说的"耿中丞象之",可知汉宣帝时大司农中丞耿寿昌制造了一个浑象,模拟浑天的运动情况。

浑象的球面绘有赤道,按照实际观测的结果,把天空的星体标在球面对应的位置上。

后来张衡发明了第一架由水力推动齿轮运转的

耿寿昌 西汉时期天文学家,理财家。汉宣帝时任大司农中丞,在西北设置"常平仓",用来稳定粮价兼作为国家储备粮库。后来被封为关内侯。精通数学,修订《九章算术》,又用铜铸造浑天仪观天象,著有《月行帛图》《月行图》等。

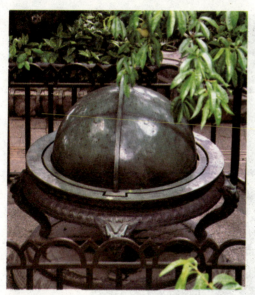

■ 古老的浑象仪

浑象,能自动演示星体的升起、落下,并配有漏壶作为定时器,叫"漏水转浑天仪",即水运浑象。只要将张衡的水运浑象放在屋子里,就可以知道外面的天象,在白天也可以知道什么星到了南中天。

水运浑象在当时确是一项了不起的创造。这一贡献开创了后代制造自动旋转仪器的先声,引导了机械计时器即钟表的发明,对世界文明的发展影响深远。

浑象的基本形状是一个大圆球,象征天球,大圆球上布满星辰,画有南北极、黄赤道、恒显圈、恒隐圈、二十八宿、银河等,另有转动轴以供旋转。还有象征地平的圈或框,有象征地体的块。

由于大圆球的转动带动星辰也转,在地平以上的部分就是可见到的天象了。

在耿寿昌和张衡之后,各种尺寸的浑象几乎各代都有制造,但有的是不能自动旋转的,有的则仿照张衡的做法,用漏水的动力使浑象随天球同步旋转。

而这后一类自动浑象在唐和北宋时期得到了长足的发展,其中重要的是一行、梁令瓒和张思训、苏颂、韩公廉等人的创造性工作。

唐代一行和梁令瓒在723年制成了开元水运浑天

中天 天体经过观测者的子午圈。上中天和下中天的总称。当经过北天极、天顶、南天极所在的那一半子午圈时,天体到达最高位置,称为"上中天";当经过北天极、南天极所在的那一半子午圈时,天体到达最低位置,称为"下中天"。

俯视图,或开元水运浑天,首次将自动旋转的浑象同计时系统综合于一体,设两木人按辰和刻打钟击鼓。

沿着这一想法,北宋天文学家张思训于979年做了一台大型的太平浑仪,名称"浑仪",实际上是一个自动运转的浑象。

太平浑仪做成楼阁状,有12个木人手持指示时间的时辰牌到时出来报时,同时有铃、钟、鼓3种音响。该仪以水银为动力,因其流动比水稳定,启动力量也大。

后来,宋代天文学家、天文机械制造家苏颂和天文仪器制造家韩公廉又建成了约12米高的水运仪象台,将浑仪、浑象、计时系统综合于一身,达到了自动浑象制造的顶峰。

浑象的研制到元代有了新的发展,郭守敬以他的创造性才能使浑象出现了新的面貌和用途。

在郭守敬为编制《授时历》和建设元大都天文台而创制的仪器中有一架浑象,半隐柜中,半出柜上,其制作类似前代。

郭守敬还制作了一件前所未有的玲珑仪。关于此仪,所留资料不多,致使研究者产生两种不同的看法,一种认为是假天仪式的浑象;另一种则认为是浑仪。

持不同意见的双方主要都是依据郭守敬的下属杨桓所写的《玲珑仪铭》。

该铭文中有对这件仪器的形状和性质的描述:

金嵌珍珠天球仪

天文学家制成仪象,各

> **视运动** 主要是指反映天体真运动的一种表面现象。例如，天体的周日运动就是一种视运动，它是反映地球绕轴自转的一种表面现象；太阳每年巡天一周的运动也是一种视运动，它是反映地球绕太阳公转的一种表面现象。

有各的用途，而集多种用途于一身的只有玲珑仪，该仪表面沿经纬线均匀分布有10万多孔，按规律准确地与天球相符。

整个仪体虚空透亮里外可见。虽然星宿密布于天，不计其数，但它们都有入宿度和去极度，只要利用该仪从里面窥看，即刻可以明白。古代贤者很多，但这种仪器尚未发明，直至元代，才首次做出来。

根据这一段描述可以清楚地感觉到，玲珑仪就是既有浑象之外形又有浑仪之用途的新式仪器。也就是说，玲珑仪既不是假天仪，也不是浑仪，它就是玲珑仪。

元明时期以前的历代浑象均未能保存下来，现在北京古观象台和南京紫金山天文台的浑象都是清代制造的。

我国古代演示天象的仪器浑象与天球仪在基本结

■ 古老的玲珑仪

北京古观象台天球仪

构上是完全一致的。陈列在北京古观象台上的清代铜制天球仪，铸造于1673年，直径两米，球上有恒星1000多颗，是以三垣二十八宿来划分的。

此仪采用透明塑胶制作，标志完全，内部为地球模型，便于理解天球的概念。利用它来表述天球的各种坐标、天体的视运动以及求解一些实用的天文问题。

阅读链接

古代人测量天体之间的距离，最基本的方法是三角视差法。比如测定恒星的距离其最基本的方法就是三角视差法。

测定恒星距离时，先测得地球轨道半长径在恒星处的张角，也叫周年视差，再经过简单的运算，即可求出恒星的距离。这是测定距离最直接的方法。

对大多数恒星来说，张角太小，无法测准。所以测定恒星距离常使用一些间接的方法，如分光视差法、星团视差法、统计视差法等。这些间接的方法都是以三角视差法为基础的。

功能非凡的候风地动仪

候风地动仪是我国东汉时期天文学家张衡于132年制成的。此地动仪用精铜制成，外形像一个大型酒樽，里面有精巧的结构。如果发生较强的地震，它便可知道地震发生的时间和方向。

候风地动仪是世界上第一架测验地震的仪器，功能非凡。在我国科学史上，没有什么比候风地动仪更为引人注目。

■ 地动仪艺术雕刻

候风地动仪是我国东汉时期天文学家张衡创制的，用于测知地震的时间和方位。

《后汉书·张衡传》中详细记载了张衡的这一发明：候风地动仪用精铜制成，形如酒樽，内部结构精巧，主要为中间的都柱和它周围的8组形如蟾蜍的机械装置。都柱相当于一种倒立型的震摆。

■ 候风地动仪

在候风地动仪外面相应地设置8条口含小铜珠的龙，每个龙头下面都有一只蟾蜍张口向上。如果发生较强的地震，都柱因受到震动而失去平衡，这样就会触动8道中的一道，使相应的龙口张开，小铜珠即落入蟾蜍口中，由此便可知道地震发生的时间和方向。

从《后汉书·张衡传》的记载来看，候风地动仪应为一件仪器，而不是两件。张衡通过自己巧妙的设计，使地震时仪体与"都柱"之间产生相对运动，利用这一运动触发仪内机关，从而将地震报出。

张衡创制的地动仪不仅在古代具有重要影响，也使现代研究者产生了极大兴趣，很多人就其对地震的反应机制和内部结构提出不同的设想。

从现代地震学知识来看，地震过程复杂多变，前震后震强弱不同，方向也相异，要寻找震源只能从多个台站的记录依时间差推算，这在古代是不可能的。

但是张衡的地动仪在设计中的确考虑了方向因素，"寻其方面，乃知震之所在"，就反映了这一点。这也并非完全不可能。

震中 震源在地表的投影，即震源正对着的地面。震中也称"震中位置"，是震源在地表水平面上的垂直投影用经、纬度表示。实际上震中并非一个点，而是一个区域。震中有一定范围，称为震中区，震中区是地震破坏最强的地区。

如果候风地动仪做到了感知一二级的微震，它应对远处震中传来的初波也就是P波敏感。初波的地面移动方向与震源方向一致，是纵向波，所以龙吐丸的方位应能显示一定量的方向信息。

当然，这并非绝对，因为地动仪的灵敏度也会有一定限制。当地震的前锋纵波不够强时，地动仪可能会对之无动于衷，但后继横波却有可能把铜丸震落，这样落丸方向与震源就没什么关系了。

由此，张衡的地动仪对于烈度为三级的弱震，是可以测报出来的。

张衡地动仪的工作原理主要是以古代"候气"的理论，即"葭灰占律"的方式，所以称之为"候风地动仪"。

在选定的位置深埋入地一大柱，像远古人们建房时的草房的中心柱，这个柱子用来感应地震波。为了避免地面环境对"都柱"的影响，在适当的深度把柱周围掏空，或者先掘土井，然后将大柱埋入压实，距地面一定距离使柱体与井壁分离，避免来自地面影响对"都柱"的干扰。

柱顶收缩为一个有凹面或空心管的顶端。在顶端凹面或空心管上置一铜球，铜球直径和顶端凹面或空心管直径可以根据灵敏度需要制订，这就克服了"倒立柱"制作中摩擦系数的难题。

■ 承接落球的蟾蜍

都柱顶端放置铜球，犹如旗杆顶端的装饰圆球。在"都柱"开始收缩的地方，按东、南、西、北、东南、西北、西南、东北8个方向伸出8条轨道。

地动仪

当埋入地下的都柱感受到地震波在地层中传播时，会使都柱产生相应的位移。

都柱受力位移，位于都柱顶端的铜球偏离重心，向力量来源相反方向脱落，都柱四旁8条伸向不同方向的轨道之一承接并导引向相应方位，触动龙口机关，龙口所含铜珠吐出，从而判定地震来源方向。

综上所述，张衡创制的候风地动仪是我国古代侦测地震的仪器，也是世界最早的地震仪，它并不能预测地震，其作用只是遥测地震时间和方向。

候风地动仪在当代研究者中产生了广泛影响，有许多人根据自己体悟的方法，各自复制不同的地动仪。可见其影响之深远。

阅读链接

张衡一生有很多发明，但最有名的发明就是"候风地动仪"了。

138年2月的一天，地动仪正对西方的龙嘴突然张开来，吐出了铜球，这是报告西部发生了地震。可是，那天洛阳一点儿地震的迹象也没有，更没有听说附近有什么地方发生了地震。于是，朝廷上下都议论纷纷，说张衡的地动仪是骗人的玩意儿。

过了没几天，有人骑着快马来向朝廷报告，离洛阳500多千米的金城、陇西一带发生了大地震，连山都崩塌下来的。大伙儿这才真正地信服了。

大型综合仪器水运仪象台

水运仪象台是我国古代一种大型的综合性天文仪器，由宋代天文学家苏颂等人创建。它是集观测天象的浑仪、演示天象的浑象、计量时间的漏刻和报告时刻的机械装置于一体的综合性观测仪器，实际上是一座小型的天文台。

水运仪象台的制造水平在世界范围内堪称一绝，充分体现了我国古代人民的聪明才智和富于创造的精神。

■ 宋代观星官雕塑

苏颂领导天文仪器制造工作是从1086年受诏定夺新旧浑仪开始的。这个机构的组成人员都是经过他的寻访调查或亲自考核，而确定下来的。

苏颂接受这项科技工作后，首先是四处走访，寻觅人才。他发现了吏部令史韩公廉通《九章算术》，而且晓天文、历法，立即奏请调来专门从事天文仪器的研制工作。

■ 古版《九章算术》

苏颂又走出汴京到外地查访，发现了在仪器制造方面学有专长的寿州州学教授王沇之，奏调他"专监造作，兼管收支官物"。

接着，苏颂又考核太史局和天文机构的原工作人员，选出夏官、秋官、冬官协助韩公廉工作。

苏颂发现人才后，还进一步放在实践中加以考察。例如调来韩公廉后，他经常与韩公廉讨论天文、历法和仪器制造。

苏颂向韩公廉建议，可否以张衡、一行、梁令瓒、张思训格式依仿制造，韩公廉很是赞同。于是，苏颂让韩公廉写出书面材料。不久，韩公廉写出《九章勾股测验浑天书》一卷。

苏颂详阅后，命韩公廉研制模型。韩公廉又造出木样机轮一座。苏颂对这个木样机轮进行严格实验，然后奏报皇帝，并亲赴校验。

韩公廉 北宋时期人。活跃于11世纪后期。韩公廉是水运仪象台和假天仪的主要设计者，他参与制造的这两件仪器，经近人研究，均具有许多开创性的设计构思，如前者中的水运浑象是世界天文钟的直接祖先，后者则是近代天文馆中星空演示的先驱。

水运仪象台

苏颂对研制工作是慎之又慎的。他认为，有了书，做了模型还不一定可靠，还必须做实际的天文观测，才能进一步向前推进，以免浪费国家资财。后来，通过对木样机轮的反复校验，确定与天道参合不差，这才开始正式用铜制造新仪。

在著名科学家苏颂的倡议和领导下，经过3年4个月的工作，1088年，一座杰出的天文计时仪器水运仪象台，在当时的京城开封制成。水运仪象台的构思广泛吸收了以前各家仪器的优点，尤其是吸取了北宋时期天文学家张思训所改进自动报时装置的长处。

在机械结构方面，采用了民间使用的水车、筒车、桔槔、凸轮和天平秤杆等机械原理，把观测、演示和报时设备集中起来，组成了一个整体，成为一部自动化的天文台。根据《新仪象法要》中记载，水运仪象台是一座底为正方形、下宽上窄略有收分的木结构建筑，高约12米，底宽约7米，共分为三大层。

上层是一个露天的平台，设有浑仪一座，用龙柱支持，下面有水槽以定水平。浑仪上面覆盖遮蔽日晒雨淋的木板顶，为了便于观测，屋顶可以随意开闭，构思比较巧妙。露台到仪象台的台基有7米多高。

中层是一间没有窗户的"密室"，里面放置浑象。天球的一半隐没在"地平"之下；另一半露在"地平"的上面，靠机轮带动旋转，一昼夜转动一圈，真实地再现了星辰的起落等天象的变化。

下层设有向南打开的大门，门里装有5层木阁，木阁后面是机械传动系统。

第一层木阁又名"正衙钟鼓楼",负责全台的标准报时。木阁设有3个小门。至每个时辰的时初,就有一个穿红衣服的木人在左门里摇铃;每逢时正,有一个穿紫色衣服的木人在右门里敲钟;每过一刻钟,一个穿绿衣的木人在中门击鼓。

第二层木阁可以报告12个时辰的时初、时正名称,相当于现代时钟的时针表盘。这一层的机轮边有24个司辰木人,手拿时辰牌,牌面依次写着子初、子正、丑初、丑正等。每逢时初和时正,司辰木人按时在木阁门前出现。

第三层木阁专刻报的时间。共有96个司辰木人,其中有24个木人报时初、时正,其余木人报刻。比如子正的和丑初的初刻、二刻、三刻等。

第四层木阁报告晚上的时刻。木人可以根据四季的不同击钲报更数。

第五层木阁装置有38个木人,木人位置可以随着节气的变更,报告昏、晓、日出及几更等详细情况。5层木阁里的木人能表演出准确的报时动作,是靠一套复杂的机械装置"昼夜轮机"带动的。而整个机械轮系的运转依靠水的恒定流量,推动水轮做间歇运动,带动仪器转动,因而命名为"水运仪象台"。

苏颂主持创制的水运仪象台是当时我国杰出的天文仪器,也是世界上最

> **时初** 古时候人们将一个时辰分为8刻,就有时初、时正、时末的分别。比如,子时是夜半,又名子夜、中夜,是12时辰的第一个时辰。它的时间是夜晚23时至1时,时初就是23时,时正就是夜半零时,时末就是1时。其他12时辰类推。

■ 苏颂编著的《新仪象法要》

古老的天文钟。国际上对水运仪象台的设计给予了高度评价,认为水运仪象台为了观测上的方便,设计了活动屋顶,是现在天文台活动圆顶的祖先。

李约瑟在深入研究水运仪象台之后,曾改变了他过去的一些观点。他在《中国科学技术史》中说:

> 我们借此机会声明,我们以前关于"钟表装置……完全是14世纪早期欧洲的发明"的说法是错误的。使用轴叶擒纵器重力传动机械时钟是14世纪在欧洲发明的。可是,在中国许多世纪之前,就已有了装有另一种擒纵器的水力传动机械时钟。

浑象一昼夜自转一圈,不仅形象地演示了天象的变化,也是现代天文台的跟踪器械转仪钟的祖先;水运仪象台中首创的擒纵器机构是后世钟表的关键部件,因此它又是钟表的祖先。

从水运仪象台可以看出,我国古代力学知识的应用已经达到了相当高的水平。

阅读链接

水运仪象台完成后,苏颂又在翰林学士许将的提议及家藏小样的启发下,决定制造一种人能进入其内部观察的仪器,仪器的具体推算设计由韩公廉负责。

此仪象经数年制作而成,它的天球直径有一人高,其结构可能为竹制,上面糊以绢纸。球面上相应于天上星辰的位置处凿了一个个小孔,人在里面就能看到点点光亮,仿佛夜空中的星星一般。

当悬坐球内扳动枢轴,使球体转动时,就可以形象地看到星宿的出没运行。这是我国历史上第一架记载明确的假天仪。

中华精神家园书系

建筑古蕴
壮丽皇宫：三大故宫的建筑壮景
宫殿怀古：古风犹存的历代华宫
古都遗韵：古都的厚重历史遗韵
千古都城：三大古都的千古传奇
王府胜景：北京著名王府的景致
府衙古影：古代府衙的历史遗风
古城底蕴：十大古城的历史风貌
古镇奇葩：物宝天华的古镇奇观
古村佳境：人杰地灵的千年古村
经典民居：精华浓缩的最美民居

古建风雅
皇家御苑：非凡胜景的皇家园林
非凡胜景：北京著名的皇家园林
园林精粹：苏州园林特色与名园
秀美园林：江南园林特色与名园
园林千姿：岭南园林特色与名园
雄丽之园：北方园林特色与名园
亭台情趣：迷人的典型精品古建
楼阁雅韵：神圣典雅的古建象征
三大名楼：文人雅士的汇聚之所
古建古风：中国古典建筑与标志

古建之魂
千年名刹：享誉中外的佛教寺院
天下四绝：佛教的海内四大名刹
皇家寺院：御赐美名的著名古刹
寺院奇观：独特文化底蕴的名刹
京城宝刹：北京内外八刹与三山
道观杰作：道教的十大著名宫观
古塔瑰宝：无上玄机的魅力古塔
宝塔珍品：巧夺天工的非常古塔
千古祭庙：历代帝王庙与名臣庙

文化遗迹
远古人类：中国最早猿人及遗址
原始文化：新石器时代文化遗址
王朝遗韵：历代都城与王城遗址
考古遗珍：中国的十大考古发现
陵墓遗存：古代陵墓与出土文物
石窟奇观：著名石窟与不朽艺术
石刻神工：古代石刻与文化艺术
岩画古韵：古代岩画与艺术特色
家居古风：古代建材与家居艺术
古道依稀：古代商贸通道与交通

古建涵蕴
天下祭坛：北京祭坛的绝妙密码
祭祀庙宇：香火旺盛的各地神庙
绵延祠庙：传奇神人的祭祀圣殿
至圣尊崇：文化浓厚的孔孟祭地
人间天宫：非凡造诣的妈祖庙宇
祠庙典范：最具人文特色的祭祠
绝代王陵：气势恢宏的帝王陵园
王陵雄风：空前绝后的地下城堡
大宅揽胜：宏大气派的大户宅第
古街韵味：古色古香的千年古街

物宝天华
青铜时代：青铜文化与艺术特色
玉石之国：玉器文化与艺术特色
陶器寻古：陶器文化与艺术特色
瓷器故乡：瓷器文化与艺术特色
金银生辉：金银文化与艺术特色
珐琅精工：珐琅器与文化之特色
琉璃古风：琉璃器与文化之特色
天然人凑：漆器义化与艺术特色
天然珍宝：珍珠宝石与艺术特色
天下奇石：赏石文化与艺术特色

中华精神家园书系

古迹奇观
玉宇琼楼	分布全国的古建筑群
城楼古景	雄伟壮丽的古代城楼
历史开关	千年古城墙与古城门
长城纵览	古代浩大的防御工程
长城关隘	万里长城的著名关卡
雄关漫道	北方的著名古代关隘
千古要塞	南方的著名古代关隘
桥的国度	穿越古今的著名桥梁
古桥天姿	千姿百态的古桥艺术
水利古貌	古代水利工程与遗迹

山水灵性
母亲之河	黄河文明与历史渊源
中华巨龙	长江文明与历史渊源
江河之美	著名江河的文化源流
水韵雅趣	湖泊泉瀑与历史文化
东岳西岳	泰山华山与历史文化
五岳名山	恒山衡山嵩山的文化
三山美名	三山美景与历史文化
佛教名山	佛教名山的文化流芳
道教名山	道教名山的文化流芳
天下奇山	名山奇迹与文化内涵

自然遗产
天地厚礼	中国的世界自然遗产
地理恩赐	地质蕴含之美与价值
绝美景色	国家综合自然风景区
地质奇观	国家自然地质风景区
无限美景	国家自然山水风景区
自然名胜	国家自然名胜风景区
天然生态	国家综合自然保护区
动物乐园	国家动物自然保护区
植物王国	国家保护的野生植物
森林景观	国家森林公园大博览

西部沃土
古朴秦川	三秦文化特色与形态
龙兴之地	汉水文化特色与形态
塞外江南	陇右文化特色与形态
人类敦煌	敦煌文化特色与形态
巴山风情	巴渝文化特色与形态
天府之国	蜀文化的特色与形态
黔风贵韵	黔贵文化特色与形态
七彩云南	滇云文化特色与形态
八桂山水	八桂文化特色与形态
草原牧歌	草原文化特色与形态

东部风情
燕赵悲歌	燕赵文化特色与形态
齐鲁儒风	齐鲁文化特色与形态
吴越人家	吴越文化特色与形态
两淮之风	两淮文化特色与形态
八闽魅力	福建文化特色与形态
客家风采	客家文化特色与形态
岭南灵秀	岭南文化特色与形态
潮汕之根	潮州文化特色与形态
滨海风光	琼州文化特色与形态
宝岛台湾	台湾文化特色与形态

中部之魂
三晋大地	三晋文化特色与形态
华夏之中	中原文化特色与形态
陈楚风韵	陈楚文化特色与形态
地方显学	徽州文化特色与形态
形胜之区	江西文化特色与形态
淳朴湖湘	湖湘文化特色与形态
神秘湘西	湘西文化特色与形态
瑰丽楚地	荆楚文化特色与形态
秦淮画卷	秦淮文化特色与形态
冰雪关东	关东文化特色与形态

节庆习俗
普天同庆	春节习俗与文化内涵
张灯结彩	元宵习俗与彩灯文化
寄托哀思	清明祭祀与寒食习俗
粽情端午	端午节与赛龙舟习俗
浪漫佳期	七夕节俗与妇女乞巧
花好月圆	中秋节俗与赏月之风
九九踏秋	重阳节俗与登高赏菊
千秋佳节	传统节日与文化内涵
民族盛典	少数民族节日与内涵
百姓聚欢	庙会活动与赶集习俗

民风根源
血缘脉系	家族家谱与家庭文化
万姓之根	姓氏与名字号及称谓
生之由来	生庚生肖与寿诞礼俗
婚事礼俗	嫁娶礼俗与结婚喜庆
人生遵俗	人生处世与礼俗文化
幸福美满	福禄寿喜与五福临门
礼仪之邦	古代礼制与礼仪文化
祭祀庆典	传统祭典与祭祀礼俗
山水相依	依山傍水的居住文化

衣食天下
衣冠楚楚	服装艺术与文化内涵
凤冠霞帔	佩饰艺术与文化内涵
丝绸锦缎	古代纺织精品与布艺
绣美中华	刺绣文化与四大名绣
以食为天	饮食历史与筷子文化
美食中国	八大菜系与文化内涵
中国酒道	酒历史酒文化的特色
酒香千年	酿酒遗址与传统名酒
茶道风雅	茶历史茶文化的特色

国风美术
丹青史话	绘画历史演变与内涵
国画风采	绘画方法体系与类别
独特画派	著名绘画流派与特色
国画瑰宝	传世名画的绝色魅力
国风长卷	传世名画的大美风采
艺术之根	民间剪纸与民间年画
影视鼻祖	民间皮影戏与木偶戏
国粹书法	书法历史与艺术内涵
翰墨飘香	著名书法名作与艺术
行书天下	著名行书精品与艺术

汉语之魂
汉语源流	汉字汉语与文章体类
文学经典	文学评论与作品选集
古老哲学	哲学流派与经典著作
史册汗青	历史典籍与文化内涵
统御之道	政论专著与文化内涵
兵家韬略	兵法谋略与文化内涵
文苑集成	古代文献与经典专著
经传宝典	古代经传与文化内涵
曲苑音坛	曲艺说唱项目与艺术
曲艺奇葩	曲艺伴奏项目与艺术

博大文学
神话魅力	神话传说与文化内涵
民间相传	民间传说与文化内涵
英雄赞歌	四大英雄史诗与内涵
灿烂散文	散文历史与艺术特色
诗的国度	诗的历史与艺术特色
词苑漫步	词的历史与艺术特色
散曲奇葩	散曲历史与艺术特色
小说源流	小说历史与艺术特色
小说经典	著名古典小说的魅力

中华精神家园书系

歌舞共娱
- 古乐流芳：古代音乐历史与文化
- 钧天广乐：古代十大名曲与内涵
- 八音古乐：古代乐器与演奏艺术
- 鸾歌凤舞：古代大曲历史与艺术
- 妙舞长空：舞蹈历史与文化内涵
- 体育古项：体育运动与古老项目
- 民俗娱乐：民俗运动与古老项目
- 刀光剑影：器械武术种类与文化
- 快乐游艺：古老游艺与文化内涵
- 开心棋牌：棋牌文化与古老项目

戏苑杂谈
- 梨园春秋：中国戏曲历史与文化
- 古戏经典：四大古典悲剧与喜剧
- 关东曲苑：东北戏曲种类与艺术
- 京津大戏：北京与天津戏曲艺术
- 燕赵戏苑：河北戏曲种类与艺术
- 三秦戏苑：陕西戏曲种类与艺术
- 齐鲁戏台：山东戏曲种类与艺术
- 中原曲苑：河南戏曲种类与艺术
- 江淮戏话：安徽戏曲种类与艺术

梨园谱系
- 苏沪大戏：江苏上海戏曲与艺术
- 钱塘戏话：浙江戏曲种类与艺术
- 荆楚戏台：湖北戏曲种类与艺术
- 潇湘梨园：湖南戏曲种类与艺术
- 滇黔好戏：云南贵州戏曲与艺术
- 八桂梨园：广西戏曲种类与艺术
- 闽台戏苑：福建戏曲种类与艺术
- 粤琼戏话：广东戏曲种类与艺术
- 赣江好戏：江西戏曲种类与艺术

科技回眸
- 创始发明：四大发明与历史价值
- 科技首创：万物探索与发明发现
- 天文回望：天文历史与天文科技
- 万年历法：古代历法与岁时文化
- 地理探究：地学历史与地理科技
- 数学史鉴：数学历史与数学成就
- 物理源流：物理历史与物理科技
- 化学历程：化学历史与化学科技
- 农学春秋：农学历史与农业科技
- 生物寻古：生物历史与生物科技

千秋教化
- 教育之本：历代官学与民风教化
- 文武科举：科举历史与选拔制度
- 教化于民：太学文化与私塾文化
- 官学盛况：国子监与学宫的教育
- 朗朗书院：书院文化与教育特色
- 君子之学：琴棋书画与六艺课目
- 启蒙经典：家教蒙学与文化内涵
- 文房四宝：纸笔墨砚及文化内涵
- 刻印时代：古籍历史与文化内涵
- 金石之光：篆刻艺术与印章碑石

传统美德
- 君子之为：修身齐家治国平天下
- 刚健有为：自强不息与勇毅力行
- 仁爱孝悌：传统美德的集中体现
- 谦和好礼：为人处世的美好情操
- 诚信知报：质朴道德的重要表现
- 精忠报国：民族精神的巨大力量
- 克己奉公：强烈使命感和责任感
- 见利思义：崇高人格的光辉写照
- 勤俭廉政：民族的共同价值取向
- 笃实宽厚：宽厚品德的生活体现

文化标记
- 龙凤图腾：龙凤崇拜与舞龙舞狮
- 吉祥如意：吉祥物品与文化内涵
- 花中四君：梅兰竹菊与文化内涵
- 草木有情：草木美誉与文化象征
- 雕塑之韵：雕塑历史与艺术内涵
- 壁画遗韵：古代壁画与古墓丹青
- 雕刻精工：竹木骨牙角匏与工艺
- 百年老号：百年企业与文化传统
- 特色之乡：文化之乡与文化内涵

悠久历史
- 古往今来：历代更替与王朝千秋
- 天下一统：历代统一与行动韬略
- 太平盛世：历代盛世与开明之治
- 变法图强：历代变法与图强革新
- 古代外交：历代外交与文化交流
- 选贤任能：历代官制与选拔制度
- 法治天下：历代法制与公正严明
- 古代税赋：历代赋税与劳役制度
- 三农史志：历代农业与土地制度
- 古代户籍：历代区划与户籍制度

历史长河
- 兵器阵法：历代军事与兵器阵法
- 战事演义：历代战争与著名战役
- 货币历程：历代货币与钱币形式
- 金融形态：历代金融与货币流通
- 交通巡礼：历代交通与水陆运输
- 商贸纵观：历代商业与市场经济
- 印纺工业：历代纺织与印染工艺
- 古老行业：三百六十行由来发展
- 养殖史话：古代畜牧与古代渔业
- 种植细说：古代栽培与古代园艺

杰出人物
- 文韬武略：杰出帝王与励精图治
- 千古忠良：千古贤臣与爱国爱民
- 将帅传奇：将帅风云与文韬武略
- 思想宗师：先贤思想与智慧精华
- 科学鼻祖：科学精英与求索发现
- 发明巨匠：发明天工与创造英才
- 文坛泰斗：文学大家与传世经典
- 诗神星星：天才诗人与妙笔华篇
- 画界巨擘：绘画名家与绝代精品
- 艺术大家：艺术大师与杰出之作

信仰之光
- 儒学根源：儒学历史与文化内涵
- 文化主体：天人合一的思想内涵
- 处世之道：传统儒家的修行法宝
- 上善若水：道教历史与道教文化

强健之源
- 中国功夫：中华武术历史与文化
- 南拳北腿：武术种类与文化内涵
- 少林传奇：少林功夫历史与文化